オリガミクスで
算数・数学教育

STEAM 教育の視点で拡がる
20の実践例

黒田 恭史・葛城 元

編著

共立出版

はじめに

　本書は，編著者の黒田恭史が，中・高等学校数学免許に関わる教職科目の「中等数学科教育法」で約20年にわたって取り上げてきたオリガミクスの内容を，小学校から高等学校までの算数・数学授業用にアレンジしたものである。

　中等数学科教育法は，中・高等学校数学免許取得に必須の科目であるために，主に高等学校までの数学を得意としてきた学生が多く受講するのだが，授業をする中で，数学を得意としてきたということと，数学の真意がわかるということとの間には，少なからずギャップがあると感じるようになった。端的に言えば，数学が得意ということが，典型的な問題パターンの解法を的確に記憶し，与えられた問題に対して短時間でミスなく解法を選択・実行できる能力を有していることと同義に捉えがちであるということへの違和感である。むろん，ある一定の解法の記憶と適用力は必要であるものの，それだけでは，数学の真意がわかるということにはならないと考える。また，そうした学生が，そのままの意識で中・高等学校の数学の教員になれば，解法伝授に特化した数学授業が全国で展開され，誤った数学観を抱く生徒の再生産といった負のサイクルが生じる可能性を危惧するようになった。学生自らが問いを持ち，試行錯誤と数学的アプローチを介して自らの問いの解答に接近し，最後には自らで解答の正誤を検証できるような適切な題材はないかということを考えるようになった。

　ちょうどその頃，当時の勤務大学から，「身近な事象や遊びの中に潜む数学を，数学を得意としない大人の方にもわかりやすく楽しく学べる講座をしてほしい」との依頼があった。そこで，折り紙を用いて楽しく作品を作りながら，数学的内容に触れてもらえるものはないかを考えた。幼少期に鶴を折った経験がある人が多いだろうと考え，折り鶴を題材とすることにし，折り鶴を作ってから，その後展開してみた。すると，紙を折ったことによりできた線（折り線）を観察すると，多数の三角形が出来ており，その中の折り線によって三角形の内心が出来上がるなど，図形の性質が至る所に驚くほど存在していることに気が付いた。講座では，正方形の用紙を使った折り鶴とともに，長方形の用紙を使った折り鶴までも取り上げ，参加者に楽しんでもらうことができた。と同時に，これはぜひとも数学の教員を目指す大学生に取り組ませたい，そのことを通して上記の問題点を克服することができるのではないかと考えるようになった。

　その後，時間をかけて折り紙を用いた教材（オリガミクス教材）を開発し，学生たちとともに考えながら，「中等数学科教育法」の内容を拡充してきた。現在は，配列や系統性もかなり整い，授業としての形が出来上がりつつある。この授業では，数回に1回の課題を課しているが，その最大のポイントは学生のオリジナリティを求める点である。具体的には，授業時間内で扱った内容をもとにして，自分で新たな問いを立てて，解答に接近するということである。評価では，その問いの斬新さの度合いとともに，たとえ解答に至らない場合であっても，どこまで自身の解答に接近しようとしてきたのかという努力の跡を大いに評価する点に特徴がある。こうした活動を通して，学生に対して，「与えられた数学の問題を正確に解く」という受動的な姿勢から，「自ら数学の問題を設定し検証する」という能動的な姿勢への転換を企図しているのである。

はじめに

　もう一人の編著者の葛城元は，かつての「中等数学科教育法」の受講生であり，学部，大学院での卒業論文，修士論文では，オリガミクスをテーマとした高等学校の図形教育のあり方について研究してきた。開発したオリガミクス教材としては，直角二等辺三角形の組み合わせによるダイヤカットの形状問題，1枚の正方形を折って造った船に乗せられる重さ問題，昆虫の翅の広がりに関する構造問題，紙を用いた容器づくり問題などがあり，いずれも，小学生から高校生までの児童生徒に授業や講座で取り上げ，実践・検証してきた。

　オリガミクス教材は，大学生のみならず小学生から高校生においても，創造性を喚起し，様々な試行錯誤に挑戦する意欲を掻き立てるものであった。既存の図形学習では，どうしても教科書に示された静的な図形のイメージにとどまってしまったり，図形に付されたアルファベット記号などを機械的に対応させたりといった活動に重きが置かれがちである。これを，実際に用紙を折って図形を作ったり，重ねたり，比較したりする活動を組み入れることで，動的な図形のイメージを生み出すとともに，試行錯誤や実際に検証するといった意識を芽生えさせることにつながったといえる。

　本書は，こうした背景のもとに記されたものであり，小学生から高校生までの図形教育において，学びの主体である児童生徒の手元に図形を届け，折り紙との対話を通して，自ら深く学んでいくことのできるテキストとなっている。

　第1章では，本書のタイトルでもある「オリガミクス」と「算数・数学教育」との関連について解説し，第2章では，世界的に浸透しつつあるSTEAM教育の概要と，本書の内容の関連について解説している。第3章から第5章では，小学校から高等学校までの算数・数学授業での具体的な活用実践例について紹介している。

　使用に際しては，第1.3節の「オリガミクスを用いた図形教育」と，第2.2節の「STEAM教育の視点から見たオリガミクス」に示された小学校算数から高等学校数学までのカリキュラム表をもとに，第3章から第5章までの20の実践例を，児童生徒の実態に合わせてアレンジしながら活用していただければと考えている。また，内容を少し変更すれば，学年を超えて活用していただくことも可能である。重要なことは，活用実践例をそのまま使用するのではなく，参考にしつつも，先生方の創意工夫を取り入れた独自の授業づくりを行なっていただくことである。オリガミクスは，それらを可能にする柔軟性の高い題材であり，全国の学校現場で多種多様な実践が広まってくれることを期待している。そして，学校現場のみならず，ご家庭などでも一緒に学んでいただけることを願っている。

　最後に，本書の企画から刊行に至るまでお世話になった，共立出版株式会社の三浦拓馬氏には感謝の意を表したい。

（黒田恭史・葛城元）

目　次

はじめに ……………………………………………………………… iii

第1章　オリガミクスと算数・数学教育 ………………………… 1

1.1 オリガミクスとは　2

1.2 オリガミクスにおける数学　7

1.3 オリガミクスを用いた図形教育　19

第2章　オリガミクスとSTEAM教育 ……………………………… 29

2.1 STEAM教育とオリガミクスのつながり　30

2.2 STEAM教育の視点から見たオリガミクス　32

第3章　小学校でのオリガミクス教材 ……………………………… 39

3.1 ❶規則性を見つけて考えよう　40

3.2 ❷二等辺三角形の敷き詰め　44

3.3 ❸図形を落ちや重なりがないように数えよう　48

3.4 ❹折って，切って，探究する　52

3.5 ❺折ることと面積の関係を考察しよう　56

3.6 ❻折り線を加えて異なる作品をつくろう　60

目次

第4章 中学校でのオリガミクス教材 ……………………… 65

4.1 ❼ 折り紙の $\frac{1}{4}$, $\frac{1}{5}$ の正方形を折ることでできた折り線や点について探究しよう 66

4.2 ❽ 折り紙の1辺の三等分点の折り方について探究しよう 70

4.3 ❾ 折り鶴に潜む図形の性質を見つけよう 75

4.4 ❿ レジ袋の中に隠れた三角形の不思議に迫ろう 79

4.5 ⓫ 生活に活かす数学(PCCPシェルとミウラ折り) 83

4.6 ⓬ エレベーターでソーシャルディスタンス 87

4.7 ⓭ 結び目五角形の証明 91

第5章 高等学校でのオリガミクス教材 ……………………… 95

5.1 ⓮ STEAM教育とオリガミクスのつながり 96

5.2 ⓯ 正六角形カップの折り方とその構造 100

5.3 ⓰ 簡易版缶模型の体積を求めよう 104

5.4 ⓱ 紙容器の構造を解き明かそう 108

5.5 ⓲ 折り船に重りはどれだけ積載できるか 113

5.6 ⓳ 折り船の体積はどれだけ大きくできるか 118

5.7 ⓴ 長方形折り鶴の両翼が出なくなる限界の比率を求めよう 123

索 引 ……………………………………………… 128

第 1 章

オリガミクスと
算数・数学教育

第1章 オリガミクスと算数・数学教育

1.1 オリガミクスとは

本節の概要

　折り紙は，日本古来の遊戯文化であるが，今日では，オリガミクスとして様々な最新の工学研究などにも活用されており，その発展はこれからも広範囲に及ぶことが期待される。こうした日本発祥の科学技術に関する概念を，日本での算数・数学教育の中で積極的に取り上げることは，児童生徒の学習意欲の向上や，数理的アプローチが社会の発展に貢献していることの具体的な事例として教えることに役立つといえる。そこで本節では，オリガミクスについて，「折り紙の歴史」，「オリガミクスの定義」，「オリガミクスを算数・数学教育に活用する意義」の3つの観点から解説する。

折り紙の歴史

　7世紀頃に中国から伝わった「紙」は，日本では，独自の和紙として発展してきた。当時，和紙は，文字を紙に書いて記録する，大事なものを包む，何かを拭き取るために使われてきた。日本独自のしなやかで破れにくい和紙の特徴を生かすことで，襖，屏風などの内装品，障子，提灯，扇子，千代紙などの雑貨へと，幅広く扱われるようになった（松岡 1981，高木 1993，和の技術を知る会 2015）。平安時代以降，「熨斗（のし）」を祝事（祝い事）に対して贈るといった「儀礼用折り紙」に近い習慣があったとされ，これらは折り紙の原型と捉えることができるが，この当時，和紙は高価な品物であったために，一部の上流階級が中心となって使用していた。

　江戸時代になると，和紙の製造技術が向上したことで，和紙の大量生産が可能となった。そのため，庶民は質の高い和紙が安価で手に入れられるようになり，礼法やきまりから離れた遊戯としての折り紙が生まれた。代表的な折り紙作品である「鶴」は，江戸時代初期の作品であると考えられている。寛永9（1797）年には，世界最古の遊戯折り紙本となる『秘伝千羽鶴折形（ひでんせんばづるおりがた）』が，京都を版元として刊行された（日本折紙協会編著 1991）。この書物には，「鼎（かなへ）」「寄木（やどりぎ）」のような，1枚の紙に切り込みを入れた全49種類の連鶴（数羽の連続した折り鶴）の折り方が紹介されている。

　このように，折り紙が誕生して間もない頃は遊び文化としての素養を持って，発展・継続してきたと考えられる。この他にも，折り紙が着物の模様になったり，浮世絵に描かれたりと，多彩な折り紙文化が花開くようになった（日本折紙協会 2015）。日本の伝統的な遊戯文化として位置付いた折り紙であるが，現在では，山折りと谷折りを巧みに組み合わせることにより，一枚の紙から動物・植物・乗り物・空想生物などをモチーフにした様々な作品を創り出すことができるようにもなった（前川 2007，山口 2017a，山口 2017b）。

　また，折り鶴は，千羽鶴などの形で，現在も大人から子どもまでが，様々な行事や祈り事などの際には，多数の小さな折り紙を使って協力して折っている。そこには長い年月をかけて脈々と語り継がれてきた日本人の持つ遊び心，手先の器用さ，創造性などの文化的要素を含んでいる。このように，遊戯文化としての折り紙は，数百年という長い歴史を経て，子どもから大人ま

での幅広い世代に親しまれてきた。

　一方で，日本の子どもたちが折り紙を用いて折り鶴などを素早く正確に折ることは，海外の人々からすると驚きでもあり，現代にあっても賞賛される文化芸術といえよう。

✦ オリガミクスの定義

　日本で遊戯文化として発展してきた折り紙であるが，それが数理的に発展して「Origamics（以降，「オリガミクス」と記す）」が誕生した。オリガミクスという用語は，「Origami」という英語表記に，学問という意味の「ics」を加えた造語である。数学の英語表記である「Mathematics」にも「ics」という接尾辞が付いているのと同じである。

　ここで，オリガミクスの定義を行なっておく。

> **オリガミクス**とは「折り紙自体の原理・仕組みを数学で解明することに加えて，数学を折り紙に適用することで新たな作品の創作をすることや，社会に有用となる様々な装置などの開発・実験・検証の際のツールとすること」と定義する（芳賀 1996・1999，改編）。

　今日，折り紙に関する科学的研究は，数学（特に幾何学），工学・建築分野への応用，生物との関係，医療分野，教育分野など，様々な領域で取り組まれており，学際的な拡がりを持つようになってきている（Thomas Hull 2005，川崎 1998，ジョセフ・オルーク 2012，茶谷・中沢 2005，日本応用数理学会監修 2012 など）。

　数学分野では，紙を折ることに関する基本的内容（折り操作で3次方程式を解く，コンパス・定規では作図不可能な角の三等分を作図するなど）から，正多角形や正多面体の作図といった幾何学の問題が折り紙で解明されている（Robert Geretschlager 2002，阿部 2003，芳賀 1999，芳賀 2005，伏見・伏見 1979，渡部 2000 など）。

　工学分野では，目的の形を創り出すために，折り紙の数理を基盤に，設計の工程を整理し，コンピュータによる展開図の設計が行われている（三谷 2015）。それらをもとに，折り紙のもつ特性や性質をヒントに，日用品から医療・宇宙までといった幅広い分野を対象に製品・商品が開発されている。例えば，「ミウラ折り」の技術を活用した人工衛星のパラボラアンテナや地図は，ワンタッチで紙の折り畳みと展開が可能となった（三浦 2009）。

　教育分野では，小・中・高・大学生を対象とした算数・数学教育において，様々な提案と実践が行われ，効果検証がなされている（黒田 2014，トーマス・ハル 2015，芳賀 1996，堀井 1977，堀井 1991）。また，算数・数学の教科書でもトピックス的に取り上げられており，中学校第2学年の数学の教科書ではミウラ折りを，平行四辺形が規則的に敷き詰められたものとして紹介されている（岡本ほか 2015）。

　こうした動向を踏まえ，筆者らは，数学教育における折り紙の数学教材の開発と，小学校から高校生を対象に教育実践を行なってきた。例えば，ダイヤカット缶を題材としたもの（葛城・黒田 2016，葛城・黒田・林 2017），船の荷物積載を題材としたもの（葛城・黒田 2019，葛城・黒田 2020），昆虫の翅の広がりを題材としたもの（葛城・黒田 2023）などがある。

第1章 オリガミクスと算数・数学教育

オリガミクスを算数・数学教育に活用する意義

オリガミクスを算数・数学教育に活用する利点は，大きく次の3点が挙げられる。

① 授業の中で紙を「折る」活動は，学習者同士が互いに教え学び合うことで，創作する楽しさが共有されるとともに，数学に対する高いハードルの軽減が可能であること（長谷川・吉田2004, 堀井1977）。

② 紙を折ることで獲得した結果（折り紙作品）や経過（折り線）を活用して，学習者自らが試行錯誤をする中で，多様な考えを創出することが可能であること（黒田2013）。

③ 折り紙自体が証明ツールとしての役割を担うことからも，実際に実験・検証することが可能であること（黒田・葛城・林2015, 堀井1977）。

すなわち，算数・数学教育におけるオリガミクスは，「教科書に記された操作不能な静的な図形などをもとに生徒に問題を解かせるのではなく，折り紙という変形自在なツールを最大限活用して，生徒自らが，自由に折ったり，広げたり，重ねたり，線を引いたり，切ったり，組み合わせたりすることを通して，観察・実験・試行錯誤・検証のプロセスを行き来しながら解答に接近することを可能にさせるツール」といえよう。

また，オリガミクスを算数・数学教育に活用することで，「確かに折り線によってできあがった図形同士は合同であるのだが，なぜこの位置に合同な図形ができるのかが数学的に証明できない」といったことや，「折り紙を重ねてみるとほぼ合同になるように思われるのだが，絶対かと言われると自信がない」といった状況を生み出すことができる。すなわち，「解答は明白だが，数学的な裏付けができていない」や，「解答と思われるが，確証を得ていない」といった，これまでの通常の数学の問題解答時にはあまり経験してこなかった感覚を学習者が抱くことができるようになるのである。

このことはこれまで行われてきた，解答は常に先生の手元にあり，生徒はひたすら先生の手元にある解答に一早くたどり着くことを競うような，数学教育の弊害を，打破する一方策になると思われる。つまり，多数の解答パターンを記憶し，それらを早く適用することが算数・数学学習の目標になるといった，明治時代以降，現在に至るまで残りつつある「求答主義」への対抗策になると考えられるからである。

さらには，中学校数学で生徒の多くが苦手とする図形の証明問題に対しても，一定の効果が期待される。中学生が図形の証明問題で面食らうのは，何を求められているのかがわからないということである。つまり，あらかじめ仮定（問題）と結論（解答）が示されたうえで，その仮定と結論が数学的に正しいことを証明によって記述するといった，過程の数学的記述を求められているということ自体の「意味」と「意義」がつかめないのである。意味がつかめないとは，とりわけ小学校算数科ではこうした過程を記述することを求められることがほとんどないために，問われているものの意味がわからないということである。意義がつかめないとは，意味は何となくわかったが，結論（解答）まで出ているのに，なぜあえてその過程を記述するのか意義がわからないということである。

これに対して，オリガミクスでは「解答は明白だが，数学的な裏付けができていない」や，「解答と思われるが，確証を得ていない」といった状況を，生徒の手元に示してくれるために，なんとなく言えそうであるということと，絶対にそうであるということとの間には，明確な違いがあることが非常にクリアに示される。さらにはその違いを証明することができるものこそ，数学であるということを実感することにつながると期待される。

自力解決の時間には，何から手を付けてよいか皆目見当がつかず白紙の状態が続き，その後の教員の板書をひたすら写して授業を受けたつもりになっているといったことを繰り返すようでは，学習者の算数・数学の学習意欲の向上には決してつながらない。間違いを恐れずに学習者自らが手先を動かし，積極的に問題解決に取り組んでいくところにこそ，学習意欲の向上は育まれる。そうした学習者主体の算数・数学授業への転換を目指すとき，オリガミクスは多くのヒントと教材を提供してくれる。

また，上の学年になれば，こちらが提供する教材を手掛かりに，学習者が，新たな問いを見出すことも可能になると思われる。高等学校に新設された教科「理数」でも，こうした取り組みが大いに役立つと思われる。これまで，教員から問題が提示され，それを素早く効率的に解くことができることを「数学ができる」とする傾向が強かったが，そのことによって，算数・数学嫌いや算数・数学が苦手という意識を多くの学習者に抱かせてきたとするならば，算数・数学教育の罪は決して小さくない。学習者が解答だけでなく，問いそのものまでをも自らが発案し，自身の手元に置いて解答に接近するという経験は，先生からの評価（正誤）のみで算数・数学が評価されるという構造を変化させる力につながると考える。正誤の競い合いだけで捉えがちな既存の算数・数学観を打破し，学習者主体の算数・数学教育観を醸成するための一方策として，オリガミクスの役割は決して小さくないのである。

●引用・参考文献

阿部恒（2003）『すごいぞ折り紙 折り紙の発想で幾何を楽しむ』日本評論社，東京

伏見康治・伏見満枝（1979）『折り紙の数学』日本評論社，東京

芳賀和夫（1996）『オリガミクスによる数学授業』明治図書，東京

芳賀和夫（1999）『オリガミクスⅠ 幾何図形折り紙』日本評論社，東京

芳賀和夫（2005）『オリガミクスⅡ 紙を折ったら，数学が見えた』日本評論社，東京

長谷川和恵・吉田稔（2004）「教材としての折り紙のもつ教育的価値について」信州大学教育学部紀要，112，pp.25-32

堀井洋子（1977）『折り紙と数学』明治図書，東京

堀井洋子（1991）『折り紙と算数－確かな認識を育てる折り紙操作入門』明治図書，東京

ジョセフ・オルーク・上原隆平（2012）『折り紙のすうり ―リンケージ・折り紙・多面体の数学』近代科学社，東京

前川淳（2007）『本格折り紙』日貿出版社，東京

松岡淳一（1981）『紙のはなし』さ・え・ら書房，東京

三浦公亮（2009）「ミウラ折り」；大賀雅美編集『数学セミナー』日本評論社，48（1），pp.15-21

三谷純（2015）『立体折り紙アート 数理がおりなす美しさの秘密』日本評論社，東京

日本折紙協会編著（1991）『秘傳千羽鶴折形解説＜復刻と解説＞』日本折紙協会，東京

日本折紙協会（2015）『おりがみ 4か国語テキスト100』日本折紙協会，東京，pp.54-57, 88-91

日本応用数理学会監修・野島武敏・萩原一郎編著（2012）『折り紙の数理とその応用』共立出版，東京

葛城元・黒田恭史（2016）「科学的思考方法の習得を目指したオリガミクスによる数学教材の開発 ―ダイヤカット缶を題材として」数学教育学会誌，57（3・4），pp.125-139

葛城元・黒田恭史（2019）「数学的探究の習得を目指したオリガミクスによる数学教材の開発 ―船の荷物積載を題材として」数学教育学会誌，60（3・4），pp.111-120

葛城元・黒田恭史（2020）「数学的探究の習得を目指したオリガミクスによる高校生への教育実践 ―船の荷物積載を題材として」数学教育学会誌，61（1・2），pp.59-69

葛城元・黒田恭史（2023）「高校生が数学の有用性を実感し理解を深めるための幾何教材の提案」数学教育学会誌，64（1・2），pp.33-44

葛城元・黒田恭史・林慶治（2017）「数学教育における知識創造を目指した数学的探究モデルの設計と教育実践」知識共創，7，pp.IV 3.1-12, http://www.jaist.ac.jp/fokcs/（2024年10月28日現在）

川崎敏和（1998）『バラと折り紙と数学と』森北出版，東京，pp.121-159

黒田恭史（2013）「中等教育におけるオリガミクスを活用した平面幾何教育のあり方について」，数学教育学会誌，54（3・4），pp.135-144

黒田恭史編著（2014）『数学教育実践入門』共立出版，東京，pp.92-136

黒田恭史・葛城元・林慶治（2015）「高等学校文系クラスにおけるオリガミクスを用いたSSHの授業の可能性 ―オイラー線とダイアカット缶を題材として」，数学教育学会秋季例会発表論文集，pp.8-10

岡本和夫ほか（2015）『未来へひろがる数学2』啓林館

Robert Geretschlager・深川英俊訳（2002）『折り紙の数学』森北出版，東京，pp.3-21

高木智（1993）『古典にみる折り紙』日本折紙協会，東京

Thomas Hull編集・川崎敏和監訳（2005）『折り紙の数理と科学』森北出版，東京

トーマス・ハル・羽鳥公士郎訳（2015）『ドクター・ハルの折り紙数学教室』日本評論社，東京

茶谷正洋・中沢圭子（2005）『折り紙建築 世界遺産をつくろう！』彰国社，東京

和の技術を知る会（2015）『子どもに伝えたい和の技術2 和紙』文溪堂，東京

渡部勝（2000）『折る紙の数学』講談社，東京，pp.48-55

山口真（2017a）『端正な折り紙』ナツメ社，東京

山口真（2017b）『秀麗な折り紙』ナツメ社，東京

（黒田恭史）

1.2 オリガミクスにおける数学

本節の概要

本節では，オリガミクスを数学的に展開するにあたって，折り紙と数学とを関連させたうえでの基本的な定義，定理などについて解説する。児童生徒がオリガミクスの活動に取り組むと，どうしても折る作業に焦点化されてしまい，数学的な見方が疎かになりがちである。その際，教員は，数学的な見方を児童生徒に意識させるように働きかけるために，背景にある数学をしっかりと理解しておく必要がある。少し難解な内容もあるので，取り上げるオリガミクス教材に応じて，必要な箇所を学ぶとよい。

平面幾何の命題・公理・定義

数学では様々な決まりを設定し，そのうえで成り立つ性質を導き出し，さらに導き出された性質と最初の決まりなどを組み合わせて，また新たな性質を導き出すということを繰り返す。最初の決まりを設定するうえで重要な考えが，命題・公理・定義である。以下では，数学とオリガミクスの関係を厳密に対応付けるための基本的な決まりとしての，命題・公理・定義について解説する。

(1) 命題・公理・定義

命題とは，真か偽のいずれかであることを判断することのできる文のことを意味し，それらの中から真であると証明されたものを数学において使用する。たとえば，「四角形において向かい合う辺の関係がそれぞれ平行ならば，その四角形は平行四辺形である。」は，命題である。そして，前半の「四角形において向かい合う辺の関係がそれぞれ平行ならば，」を仮定と呼び，「その四角形は平行四辺形である。」を結論と呼ぶ。

公理とは，証明することができないが，明らかに真と判断される命題のことである。後に説明する定理は，定義や公理を組み合わせて，新しい特徴を発見するものであるが，この定理を遡っていくと，どうしてもそれ以上は戻ることのできない出発点に辿りつく。こうした出発点の命題のことを公理と呼び，それらの公理を集めたものを公理系と呼ぶ。

定義とは，数学において用いる言葉の決まりであり，たとえば，「同一平面上の2つの直線が共有点をもたないとき，2直線は平行である。」といったものが挙げられる。この定義を明確にし，正確な使用を共有しておかないと，真偽を判断する際に間違った結論を導き出すことにもつながりかねない。また，定義も命題の一つであり，さきの例を参考にすれば，仮定が「同一平面上の2つの直線が共有点をもたないとき，」となり「2直線は平行である。」が結論となる。しかし，定義は唯一というわけではなく，同一平面上にある2つの直線の間隔が常に一定であるとき，2直線は平行である。」と定義づけることも可能である。

(2) 結合の公理

公理とは，証明することができないが，明らかに真と判断される命題のことであると解説し

たが，図形における基本的な公理としては，結合の公理，順序の公理，合同の公理がある。これらを順に解説する。

まず，結合の公理について取り上げる。「結合」という用語は，点と直線，直線と平面との関係を結ぶという意味を有したものである。

A. 平面図形と点集合

平面の中に形作られる様々な図形は，点集合でできている。これは，電光掲示板上の一つひとつの電球を点として捉え，そこで示される文字や図柄を，直線や平面と捉える。平面は位置だけを持つ点によって，隙間無く埋め尽くされているということもできる。

B. 直線の場合

● 公理1（2点を通る直線）

平面に異なる2点A，Bをとるとき，その2点を通る最短距離で，双方に限りなくのばした図形を，直線ABと呼ぶ。直線ABを直線ℓとするとき，点A，Bは直線ℓの上にある，または，直線ℓは点A，Bを通る（含む）という（図1.2.1）。異なる2点A，Bを通る直線はただ一つ存在する。

半直線とは，一方に端があり他方が無限にのびている直線の一部のことである。線分とは，両端のある直線の一部である。

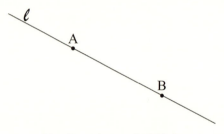

図1.2.1　点A, Bと直線ℓ

オリガミクスでは，折り紙上に異なる2点A，Bをとるとき，折り紙を折るという行為によって直線ℓを作成したり，直線ℓがただ一つになることを確認したりすることができる（図1.2.2，図1.2.3）。なお，折り紙の場合は有限サイズの正方形のため，直線であっても途中で途切れるという制約があるが，実際に操作して確認ができるという利点がある。

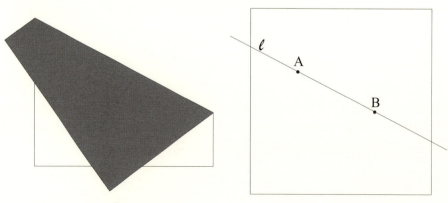

図1.2.2　折り線を入れた状態　　　　図1.2.3　点A, Bと直線ℓ

(3) 順序の公理

次に，直線と平面の場合の，順序の公理について取り上げる。「順序」という用語は，それぞれの点や直線において，ある規則に基づく順序が存在するという意味を有したものである。

平面の場合

- **公理2（平面の分割）**

平面α上に直線ℓを引くと，平面αは直線ℓとその両側の領域点P，Qの3つに分割される。また，領域Pと領域Q内にそれぞれ点A，点Bをとると，直線AB（直線m）は，必ず直線ℓと交わる（図1.2.4）。

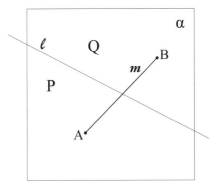

図1.2.4　平面の分割

オリガミクスでは，平行でない2つの直線ℓとmが与えられたとき，ただ一つの交点を作ることができる。

(4) 合同の公理

平面図形における合同の公理について取り上げる。「合同」という用語は，線分や図形が同じ形であるという意味を有したものである。

A. 線分の場合

- **公理3（線分の合同）**

平面α上に4点A，B，C，Dがあり，線分ABの長さと線分CDの長さが等しいとき，線分ABと線分CDは合同であるといい，AB≡CDと書く。

また，線分の合同では，AB≡BA（反射律），AB≡CDならばCD≡AB（対称律），AB≡CDかつCD≡EFならばAB≡EF（推移律）の同値関係が成り立つ。

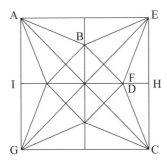

図1.2.5　折り鶴の折り線

オリガミクスでは，図1.2.5のような折り鶴の「折り線」の場合，直線EGで折ることで，AB≡CDを確認することができ，さらに，直線HIで折ることで，CD≡EFを確認することができる。

このように折る作業を繰り返すことで，離れた位置関係にある長さの関係，AB≡EFを確認することができる。

B. 角の場合

公理4を述べる前に，角について定義する。

- **定義1（優角・劣角・直角）**

角とは，ある1点から延びる異なる半直線によって作られる図形のことである。2つの領域に対応して2つ角が生じることになる。角の開き具合を角度とするとき，角度が大きい方を**優角**，小さい方を**劣角**と呼ぶ（図1.2.6）。**直角**とは，角度が90°のことをいう。

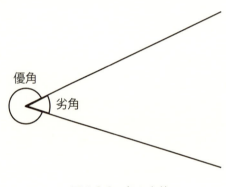

図1.2.6　角の定義

オリガミクスでは，用紙の内側に頂点を設定することで，自由に優角や劣角を折ることができる（図1.2.7）。また，用紙全体を折って折り線を付けるのではなく，頂点Aと辺上の点Bの間に折り線を付け，同様に頂点Aと辺上の点Cの間に折り線を付けると，半直線による角を折ることができる。

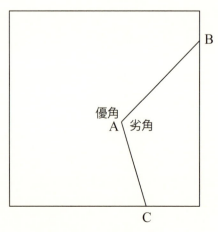

図1.2.7　角の折り線

● 定義2（垂直）

垂直とは，2直線が交わってできる角が直角のときのことをいう（図1.2.8）。線分AB，線分CDが垂直なとき，線分ABは線分CDの垂線という。

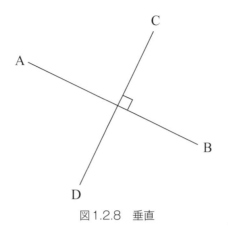

図1.2.8　垂直

● 公理4（角の合同）

平面 α 上に∠ABCと∠DEFがあり，∠ABCと∠DEFの大きさが等しいとき，∠ABCと∠DEFは合同であるといい，∠ABC≡∠DEFと書く。

また，角の合同においても，線分の場合と同様，∠ABC≡∠CBA（反射律），∠ABC≡∠DEFならば∠DEF≡∠ABC（対称律），∠ABC≡∠DEFかつ∠DEF≡∠GHIならば∠ABC≡∠GHI（推移律）の同値関係が成り立つ。

オリガミクスでは，各頂点における角において，合同な角を折ることで作ることができる。すなわち，∠ABCを2等分するためには，図1.2.9のように線分ABと線分CBをぴったりと重ねるようにして折り，図1.2.10のように開くと∠ABD≡∠CBDとなる。最初にいくらかの角度分を折ってから，残りの角度分を重なるように折ることで，45°以下の任意の大きさの合同な角を作ることができる。

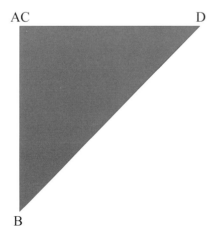

図1.2.9　角の2等分折り

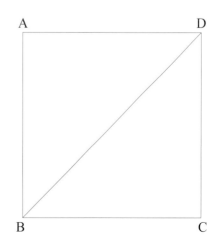

図1.2.10　角の2等分線

(5) 平行線の定義

A. 対頂角・同位角・錯角・同側内角
- **定義3（対頂角・同位角・錯角・同側内角）**

2つの直線 l, m に，1つの直線 n が交わってできる角を，図1.2.11のように $\angle a \sim \angle h$ とする。

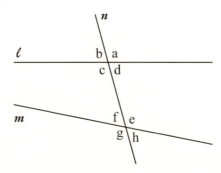

図1.2.11　3直線 l, m, n

対頂角とは，2直線が交わってできる4つの角のうち，向かい合った位置にある2つの角のことをいう（例：$\angle a$ と $\angle c$）。

同位角とは，2つの直線 l, m と直線 n との交点の，同じ側にできる角のことをいう（例：$\angle a$ と $\angle e$）。

錯角とは，2つの直線 l, m と直線 n との交点の，内側の向かい合う側にできる角のことをいう（例：$\angle c$ と $\angle e$）。

同側内角とは，2つの直線 l, m と直線 n との交点の，内側の同じ側にできる角のことをいう（例：$\angle c$ と $\angle f$）。

B. 平行
- **定義4（平行線）**

同一平面上にある2つの直線が共有点を持たないとき，この2直線は平行であるといい，それらを平行線という（図1.2.12）。直線 l, m が平行であるとき，$l /\!/ m$ と表す。

図1.2.12　2直線 l, m が平行

オリガミクスでは，2つの平行な直線 l, m が与えられたとき，これらと平行で等距離にある直線を作ることができる。

C. 平行線の同位角
- **公理5（平行線の同位角）**

2本の平行線に1直線が交わってつくられる同位角は等しい（図1.2.13）。

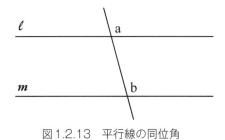

図 1.2.13　平行線の同位角

平面幾何の基本定理

定理とは，上記の公理や定義を組み合わせて，新しい命題を作成したものである。したがって，定理は公理や定義を用いて証明することができる。

(1) 異なる2直線の交点

A. 交点の個数

平面内の異なる2直線 l, m が1点Aを含むとき，点Aを直線 l, m の交点という。

- **定理1（2直線の交点）**

平面内の異なる2直線 l, m が交点を持つとき，その交点はただ一つである（図1.2.14）。

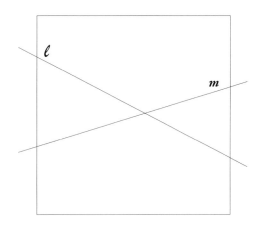

図 1.2.14　2直線 l, m と交点

▶ **証明**

異なる2直線 l, m が異なる2点以上で交わると仮定すると，公理1（2点を通る直線）により異なる2点を通る直線はただ1本しか存在しないので，2直線 l, m は一致することになり矛盾する（背理法）。

オリガミクスでは，図1.2.15のように1回折りをして直線 l を作成し，折り紙を開いて，改めて異なる折りをして直線 m を作成すると，直線 l と直線 m の交点がただ一つであることを検証することができる。

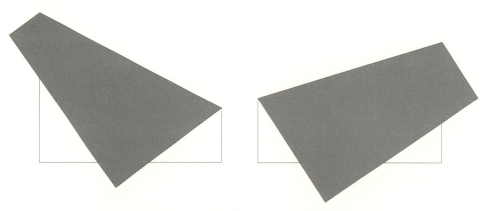

図1.2.15　1回折りをし（左図），改めて1回折りをする（右図）

B. 対頂角

- 定理2（対頂角）

対頂角は，相等しい。すなわち，図1.2.16の∠a=∠bである。

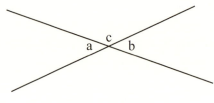

図1.2.16　対頂角

▶証明

∠a+∠c=180°，∠b+∠c=180°より，∠a=180°−∠c=∠bとなり，∠a=∠bとなる。

(2) 平行線

- 定理3（平行線の錯角）

2本の平行線に1直線が交わって作られる錯角（∠aと∠b）は等しい。

▶証明

平行線 ℓ, m と1直線が交わって作られる角のうち，図1.2.17のように∠a, ∠b, ∠cとする。公理5（平行線の同位角）より∠b=∠c，また，定理2（対頂角）より∠a=∠cとなるため，∠a=∠bとなり錯角は等しい。

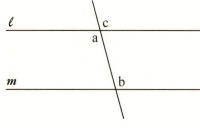

図1.2.17　平行線の錯角

● 定理4（平行線の同側内角）

2本の平行線に1直線が交わってつくられる同側内角（∠aと∠b）の和は，180°である。

▶ 証明

平行線 ℓ, m と1直線が交わって作られる角のうち，図1.2.18のように∠a, ∠b, ∠cとする。公理5（平行線の同位角）より∠b=∠c, ∠a+∠c=180°となることから，∠a+∠b=180°となる。

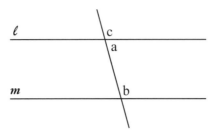

図1.2.18　平行線の同側内角

平面幾何の基本作図

(1) 線分の2等分

定規とコンパスを用いた線分ABの2等分は，点A，点Bからそれぞれコンパスを用いて交点が2つできるように円弧をかき，その交点を結ぶことで作図できる（図1.2.19）。そして，線分ABの中点をCとおくと，線分ACにおいて線分ABの場合と同様にコンパスを用いて作図すれば線分ABの4等分ができる。したがって，全ての2の累乗等分は，同じ作業を繰り返すことで作図可能となる。

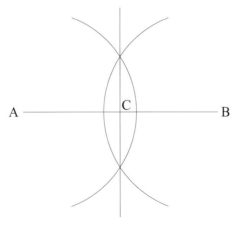

図1.2.19　2等分の作図

オリガミクスでは，図1.2.20のように，正方形の1辺をADとして，これを2等分する場合，点Aと点Dが重なるように折ることで，2等分の点Eができる。次に2等分された点Eと点Aが重なるように折ることで4等分の点ができる（図1.2.21）。これを繰り返すと，全ての2の累乗の等分が可能となる。

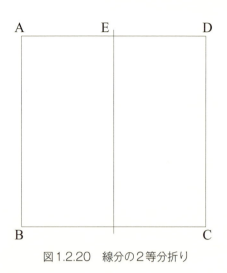

図 1.2.20　線分の 2 等分折り　　　　図 1.2.21　線分の 4 等分折り

(2) 垂直と平行

A. 垂直

　点 P を通り，直線 l に垂直な直線は，定規とコンパスによって作図可能である。点 P から直線 l を交差するような半径を設定し，コンパスで作図する（図 1.2.22）。交差した交点を A, B と置き，それぞれを中心として両者が交差するような半径で作図し，その交点同士を結ぶ直線を引くと直線 l に垂直な直線となる（図 1.2.23）。

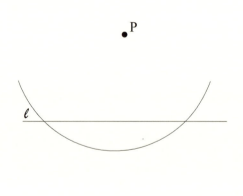
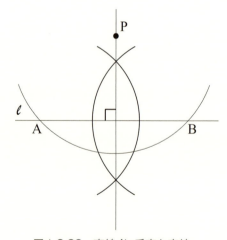

図 1.2.22　点 P と直線 l　　　　図 1.2.23　直線 l に垂直な直線

　オリガミクスでは，正方形上に直線 l と点 P を置き，直線 l が重なるようにしながら，点 P 上で折る（図 1.2.24）。続いてそれを開くと，点 P を通り直線 l に垂直な直線（折り線）ができる（図 1.2.25）。

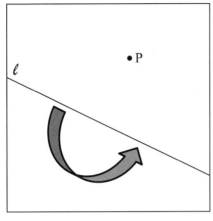
図 1.2.24　点Pと直線ℓ

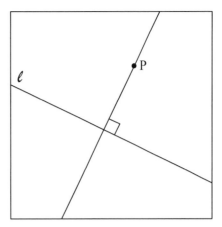
図 1.2.25　点Pを通り直線ℓと垂直な直線

B. 垂直二等分線

垂直二等分線とは，線分ABがある場合，線分ABを2等分する点を通る垂直な直線のことである（図1.2.26）。作図の方法は，図1.2.19と同様であり，点Cが中点となり，点Cを通る垂直な直線DEのことをいう。また，2直線AB, CDが垂直であるとき，その一方を他方の**垂線**と呼ぶ。

オリガミクスでは，まず，任意に折り紙を1回折り，線分ABのような折り線をつける。次に，線分AB同士が重なるように線分CDを折る。その交点を点Eとする。このとき，線分CDは線分ABの垂線となる。点Aと点Bが重なるように折ると，線分CDは線分ABの**垂直二等分線**となる（図1.2.27）。

なお，点Aと点Bは，用紙の枠線上だけでなく，用紙内の任意の箇所に置くことができ，点Aと点Bを重ねて折ることで，垂直二等分線を折ることができる。

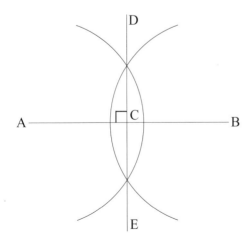
図 1.2.26　作図の垂直二等分線

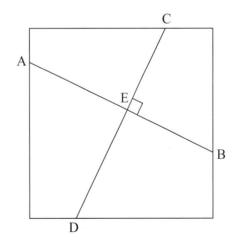
図 1.2.27　垂直二等分線

C. 平行

　点Pを通り，直線lに平行な直線は，定規とコンパスによって作図可能である．最初に，図1.2.23にあるように，点Pを通り直線lに垂直な直線をひく．次に，点Pを中心にコンパスで円弧をかき，垂線との交点を点A，点Bとおく．点A，点Bを中心とした円弧をかき，その交点Qと点Pを通る直線が，直線lに平行な直線となる（図1.2.28）．

　オリガミクスでは，図1.2.27にあるように，線分ABに垂直な直線CDをひく．次に，点Pを通り，直線CDの線が重なるように折ると，直線EFができる（図1.2.29）．このとき直線EFは，点Pを通り，直線AB平行な直線となる．

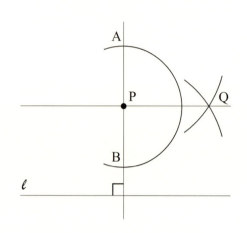

図1.2.28　直線lに平行な直線

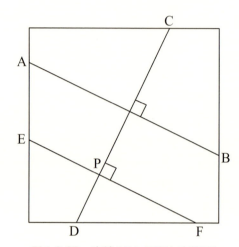

図1.2.29　直線ABに平行な直線EF

● **参考文献**

阿部恒（2003）『すごいぞ折り紙』日本評論社，東京（初出："数学セミナー"1980年7月号表紙）

芳賀和夫（1999）『オリガミクスⅠ』日本評論社，東京，pp.44-48

黒田恭史編著（2014）『数学教育実践入門』共立出版，東京

黒木伸明（2005）「平面の幾何学」；横地清監修『新教科書を補う中学校数学発展学習教科書第3巻／第3学年編』明治図書，東京，pp.88-108

Robert Geretschlager；深川英俊訳（2002）『折紙の数学』森北出版，東京，pp.1-11

渡部勝（2000）『折る紙の数学』講談社（ブルーバックス），東京

横地清編（1983）『図形・幾何の体系化と実践』ぎょうせい，東京，pp.1-32

横地清（2004）『小学生に幾何学を教えよう』明治図書，東京，pp.37-55

横地清（2006）『教師は算数授業で勝負する』明治図書，東京，pp.134-155

（黒田恭史）

1.3 オリガミクスを用いた図形教育

本節の概要

本節では，小学校から高等学校までの算数・数学の図形領域のカリキュラムに焦点化し，第3章から第5章までの20のオリガミクスによる活用実践事例を配置することで，具体的な活用方法について解説する。さらに，隣接する関連内容や学年間の系統性についても触れることで，より充実した授業実践につなげていく。

小学校算数科の図形領域と活用実践事例

(1) 小学校算数科の図形領域

小学校算数科では，オリガミクスによる6つの活用実践事例を取り上げている。当該学年が高学年に少し偏っているものの，内容を少しアレンジすれば，低学年，中学年での実践に十分活用可能である。そこで，以下では各学年で取り上げる図形領域の内容と，オリガミクスが活用可能な単元を対応させ，様々な学年で取り組めるように活用実践の幅を拡げる。

表1.3.1と表1.3.2は，小学校学習指導要領に示された各学年の図形領域の内容を，「図形の定義」，「図形の構成要素・性質」，「図形の計量」，「空間・位置関係」，「図形の移動・変換」，「作図に用いる器具」の6つの項目に分け，整理したものである。

(2) 活用実践例の具体的な学習内容と学年間のつながり

オリガミクスの活用実践事例としては，第3章に3.1から3.6までの6つがあり，それぞれの概略について解説する。

「3.1 ❶規則を見つけて考えよう」では，第6学年の「対称な図形」や「図形の拡大と縮小」の内容を扱う。加えて，正方形が数多く出現することから，図形の関係性の学習とともに，面積などの学習にも応用可能である。活動の途中で出てくる1回折りや，2回折りであれば，第2学年の各種基本平面図形の学習にも十分活用可能である。

「3.2 ❷二等辺三角形の敷き詰め」では，第3学年の「三角形と角」の内容を扱う。「二等辺三角形の性質」や「三角形を用いた平面の敷き詰め」の学習とともに，第4学年の「四角形を用いた平面の敷き詰め」の内容にも発展可能である。

「3.3 ❸図形を落ちや重なりがないように数えよう」では，第6学年の「起こりうる場合」の内容を扱う。図形の内容を題材にしながら，漏れ落ちのない数え方を考えるなど，単元をまたぐ内容となっている。また，第4学年の「立方体」や「立方体の展開図」，第5学年の「図形の合同」，第6学年の「対称な図形」などにも応用可能である。あるいは，折り紙で立体図形づくりができるため，第5学年の「立体図形の体積」などの単元でも，こうした立体を活用すると，理解が深

まると考えられる。さらには，第2学年の「箱の形」でも，立方体づくりにサポートが必要ではあるが，活用可能である。

「3.4 ❹折って，切って，探究する」では，第6学年の「対称な図形」や「線対称移動，点対称移動」の内容を扱う。一刀切りは，折り紙とアートとしても広く親しまれており，折り紙を事前に折り込んでおいてから，はさみで一度だけ直線に切って，アルファベットや様々な図形を抜き出す方法である。第5学年の「正多角形」や「正多角形の性質」でも活用可能であり，折り方と正多角形の性質を考えるといった展開が考えられる。

「3.5 ❺折ることと面積の関係を考察しよう」では，第5学年の「三角形，平行四辺形，台形，ひし形の面積」の内容を扱う。当然，それ以前の学年で学習している各種図形の定義の段階で扱えば，折り方とそれぞれの図形の定義の意味や性質について学習することが可能である。具体的には，第2学年の「三角形，四角形，正方形，長方形，直角三角形」，第3学年の「二等辺三角形，正三角形，直角二等辺三角形」，第4学年の「平行四辺形，ひし形，台形」や「平行，垂直，対角線」などでの扱いが考えられる。

「3.6 ❻折り線を加えて異なる作品をつくろう」では，第5学年の「合同な図形」の内容を扱う。また「やっこ」の紙を広げると，合同な直角二等辺三角形が多数現れることから，第3学年の「直角二等辺三角形」の内容を取り上げることができ，さらに，「三角形を用いた平面の敷き詰め」との関係も扱うことが可能である。また，「やっこ」から「いす」への折り方を通して，第5学年の立体図形における「辺と辺，辺と面，面と面のつながりや位置関係」についても取り上げることができる。最後の「ダイヤカット」の折り方では，「角柱や円柱」との関係を考えることも可能である。

表1.3.1　小学校図形領域の各学年の内容1

学年	図形の定義	図形の構成要素・性質	図形の計量
1	・さんかく，しかく，まる	・形の構成と分解	
2	・三角形，四角形，正方形，長方形，直角三角形 (3.1) (3.5) ・箱の形 (3.3)	・直線，直角，頂点，辺，面 ・正方形や長方形の面で構成される箱の形 (3.3)	・長さ (cm, mm) ・かさ (L, dL)
3	・二等辺三角形，正三角形，直角二等辺三角形 (3.2) (3.5) ・円，球	・角 (3.2) ・中心，半径，直径	
4	・平行四辺形，ひし形，台形 (3.5) ・立方体，直方体 (3.3)	・平行，垂直，対角線 (3.5) ・平面 ・立方体，直方体の見取図，展開図 (3.3)	・長方形，正方形の面積 (cm², m², km², a, ha) ・角の大きさ (°)

| 5 | ・多角形, 正多角形 (3.4)
・角柱や円柱 (3.6) | ・図形の形や大きさが決まる要素
・図形の合同 (3.3) (3.6)
・多角形, 正多角形についての簡単な性質 (3.4)
・底辺, 高さ
・底面, 側面 | ・三角形, 平行四辺形, ひし形, 台形の面積 (3.5)
・立方体及び直方体の立体図形の体積と単位 (cm³, m³) (3.3)
・円周率 (3.14)
・円周 |
| 6 | ・縮図, 拡大図 (3.1)
・対称な図形 (3.4)
・概形 | ・線対称, 点対称, 対称の軸, 対称の中心 (3.1) | ・概形の面積
・円の面積
・角柱, 円柱の体積
・縮図, 拡大図の計量 (3.1) |

表 1.3.2　小学校図形領域の各学年の内容 2

学年	空間・位置関係	図形の移動・変換	作図に用いる器具
1	・方向やものの位置 　前後, 左右, 上下	・形作り・分解 　ずらす, まわす, 裏返す	
2			・定規, ものさし
3		・三角形を用いた平面の敷き詰め (3.2) (3.6)	・コンパス
4	・ものの位置の表し方 (二次元, 三次元) ・直線や平面の平行や垂直の関係	・四角形を用いた平面の敷き詰め (3.2)	・分度器 ・三角定規
5	・辺と辺, 辺と面, 面と面のつながりや位置関係 (3.6)	・図形の等積変形	
6		・線対称移動, 点対称移動 (3.1)	

(3) オリガミクスの活用における指導の利点

　小学校算数科の図形領域では,「図形の定義・性質」が大きな割合を占める。基本的な図形を, 感覚ではなく正しく用語で定義づけていく活動は, ともすれば形式的になりがちで, 図形用語の記憶に偏りがちである。オリガミクスを活用することで, 定義によるそれぞれの用語の意味を, 実際の折り紙で確認しながら進めていくことが可能であるため, 児童の理解につながることが期待される。

中学校数学科の図形領域と活用実践事例

(1) 中学校数学科の図形領域

　中学校数学科では, オリガミクスによる 7 つの活用実践事例を取り上げている。内容をアレンジすれば, 示している学年・単元以外での実践に十分活用可能である。そこで, 以下では各学年で取り上げる図形領域の内容と, オリガミクスが活用可能な単元を対応させ, 様々な学年で取り組めるように活用実践の幅を拡げる。

表1.3.3と表1.3.4は，中学校学習指導要領に示された各学年の図形領域の内容を，「図形の定義」，「図形の構成要素・性質」，「図形の計量」，「空間・位置関係」，「図形の移動・変換」，「数学的記号」の6つの項目に分け，整理したものである。

(2) 活用実践例の具体的な学習内容と学年間のつながり

オリガミクスの活用実践事例としては，第4章に4.1から4.7までの7つがあり，それぞれの概略について解説する。

「4.1 ❼折り紙の$\frac{1}{4}$，$\frac{1}{5}$の正方形を折ることでできた折り線や点について探究しよう」では，第2学年の「証明の必要性と意味及びその方法（仮定と結論）」の内容を扱う。証明においては，対称の軸と線対称な図形，二等辺三角形の底辺における二等分線の性質，さらには直角三角形の合同の性質など，基本的な図形の証明問題に関連する内容を活用する。また，折り紙の折り線とxy座標平面を対応づけて，折り線を1次関数と見立てて，それらが組み合わさってできる交点の問題として，頂点や辺の長さを取り扱うことが可能である。

「4.2 ❽折り紙の1辺の三等分点の折り方について探究しよう」では，第1学年の「図形の定義，証明」に加えて，1次関数の内容を用いて，三等分点の数学的証明につなげていく。芳賀の第1定理は，辺の長さを変数とおいて，三平方の定理を用いて証明するのが一般的であるが，ここでは，正方形の用紙の両端の線上にxy座標を設定し，各折り線を1次関数として交点座標を求めることで，三等分の位置を証明している。図形の内容を座標平面上に置いて考える解析幾何的な扱いを行うことで，図形と関数の相互の関係を考えるといった新たな視点を生徒に与える教材となっている。

「4.3 ❾折り鶴に潜む図形の性質を見つけよう」では，第2学年の「証明の必要性と意味及びその方法（仮定と結論）」の内容を扱う。特に，折り線によってできる様々な図形における定理を重点的に取り上げている。また，折り鶴を正方形の用紙だけでなく，長方形の用紙で折ることによって，成り立つ定理と成り立たない定理が存在するなど，前提が異なることで定理の扱いが異なることなども理解することが可能である。

「4.4 ❿レジ袋の中に隠れた三角形の不思議に迫ろう」では，第2学年の「証明の必要性と意味及びその方法（仮定と結論）」の内容を扱う。レジ袋を規則に沿った折り方で折ることによって，二等辺三角形ができるという帰納的な経験を，図形の証明によって演繹的に確定していくという活動を取り上げることで，数学の持つ厳密性の役割と利点を感じさせるようにする。用紙を折る活動と，証明を記述する活動を，相互に組み合わせながら行なっていくことで，証明の記述の一つひとつを，それぞれの折る活動に対応させて考えさせると理解が深まる。

「4.5 ⓫生活に活かす数学（PCCPシェルとミウラ折り）」では，第2学年の「平面図形の合同と三角形の合同条件」の内容を扱う。合同な四角や三角形を組み合わせて折ることで，様々

1.3 オリガミクスを用いた図形教育

な用途に有効活用可能である。ミウラ折りは，紙製の折り畳み地図を広げる際に一気に広げることができる折り方として有名である。また，PCCPシェルは，強度の強い形状を実現するための構造である。こうした文化的，物理的事象と数学との関連を取り上げることで，数学が様々な分野に活用されていることの理解が深まる。

「4.6 ⓬エレベーターでソーシャルディスタンス」では，第1学年の「平面図形の作図方法」や第3学年の「三平方の定理」の内容を扱う。通常，正三角形の三辺の長さが等しいということは，作図や測量によって行うが，ここでは折り紙を折るという操作で，等しい長さの三辺をつくるとともに，実際に検証することが可能である。さらに，その一辺の長さを求める際に，三平方の定理を活用するとともに，一辺を変数と置いて計算することで，一辺の最大値を求めるという展開も可能となる。

「4.7 ⓭結び目五角形の証明」では，第2学年の「図形の性質と証明」や「平行線や角の性質」の内容を扱う。ここでは，厳密で丁寧な証明の手順と記述の学習が可能である。とりわけ，結び目五角形が見た目では正五角形に捉えられるが，それが絶対的な真であることを，厳密な証明を介して解明していく作業を体験させることが可能である。併せて，「平行線や角の性質」では，紙テープの平行線を，様々な形に折り曲げる活動を通して，角の関係で成り立つ性質を確認しながら証明につなげていくことが可能である。

表1.3.3　中学校図形領域の各学年の内容1

学年	図形の定義	図形の構成要素・性質	図形の計量
1		・弧，弦 ・平面図形の作図方法 (4.6) ・角の二等分線，垂直二等分線，垂線 (4.1) ・ねじれの位置 ・曲面 ・投影図	・空間図形の計量 　扇形の弧の長さと面積 ・基本的な柱体や錐体，球の表面積と体積
2	・平面図形の合同と三角形の合同条件 (4.1) (4.5) ・直角三角形の合同条件 (4.1)	・定義，証明，逆，反例 (4.2) (4.3) (4.4) (4.7) ・対頂角，内角，外角，同位角 (4.2) ・平行線や角の性質 (4.7) ・多角形の角についての性質 (4.7) ・証明の必要性と意味及びその方法（仮定と結論）(4.4)	・合同な図形の線分の長さと角の大きさ (4.5)
3	・平面図形の相似と三角形の相似条件 ・円周角と中心角 ・三平方の定理 (4.6)	・平行線と線分の比	・相似な図形の相似比と面積比及び体積比の関係 ・円周角と中心角の大きさの関係

第1章 オリガミクスと算数・数学教育

表1.3.4　中学校図形領域の各学年の内容2

学年	空間・位置関係	図形の移動・変換	数学的記号
1	・直線や平面の位置関係 ・空間図形の構成と平面上の表現 ・回転体としての円柱・円錐	・図形の移動 　平行, 対称, 回転	・∥, ⊥, ∠, △
2		・図形の合同関係　(4.1) (4.5)	・≡
3		・図形の相似関係	・∽

(3) オリガミクスの活用における指導の利点

　中学校数学の図形領域では，「図形の証明」が大きな割合を占める。図形の証明を苦手とする生徒は多く，その改善のためにこれまで様々な指導の工夫がなされ，ある一定の効果は見られるものの，それでも苦手意識を有し，証明が書けない生徒の数は少なくない。

　そうした中，オリガミクスを活用した図形の証明では，通常の紙面上の静的な図形を見ながら学習するのではなく，実際に図形を製作したり，対応する角や辺を確かめたりするなど，動的な図形の見方が可能となるために，証明を書くことへのハードルが下がり，解答接近が容易になると考えられる。

　また，図形の証明問題の特徴は，仮定と結論がわかっている中で，その間の過程を証明することが求められている点にある。すなわち，解答（結論）はわかったうえで，その過程自体を解答とすることが求められることに違和感を抱いている生徒もいる。オリガミクスの場合，実際に折ることで結論が先に導き出され，その後で，用紙を広げて折り線を分析することで，数学的な正しさを検証していくことから，図形の証明問題の解答過程と似通っており，親和性が高いと考えられる。

　オリガミクスの活用は，生徒の手が止まりがちな図形の証明問題において，有効な指導法の一つになるのではないかと考える。

✈ 高等学校数学科の図形領域と活用実践事例

(1) 高等学校数学科の図形領域

　高等学校数学科では，オリガミクスによる7つの活用実践事例を取り上げている。内容をアレンジすれば，示している学年・単元以外での実践に十分活用可能である。そこで，以下では各学年で取り上げる図形領域の内容と，オリガミクスが活用可能な単元を対応させ，様々な学年で取り組めるように活用実践の幅を拡げる。

　表1.3.5は，高等学校学習指導要領に示された各学年の図形領域の内容を，「図形の定義」，「図形の構成要素・性質」，「図形の計量」，「空間・位置関係」の4つの項目に分け，整理したものである。

(2) 活用実践例の具体的な学習内容と学年間のつながり

　オリガミクスの活用実践事例としては，第5章に5.1から5.7までの7つがあり，それぞれの概略について解説する。

1.3 オリガミクスを用いた図形教育

「5.1 ⓮正五角形の折り方と証明」では，第1学年の「三角比」や「平面図形の作図」の内容を扱う。正五角形をテーマに，正しい折り方と誤った折り方を対比させ，なぜ正しい折り方なのか，なぜ誤った折り方なのかを，数学的に証明していく。数学の内容では，ともすれば正しい図形ばかりが取り上げられがちであるが，このように誤った図形も取り上げ，その違いを数学的に明確化することによって，数学の有用性に気づかせるようにする。また，三角比や三角関数も，なかなか現実場面での有効活用にまで至っていないため，こうした事例を取り上げることで，三角比や三角関数，さらには関連する各種定理の活用方法などについても取り上げるようにする。

「5.2 ⓯正六角形カップの折り方とその構造」では，第3学年の「平面のベクトル」や「空間座標とベクトル」の内容を扱う。ベクトルは，向きと長さを持った量であり，使いこなすことができれば非常に有用であるが，内積などにおいて意味理解が困難と感じたり，有用性を感じたりすることができない生徒も少なくない。これらを実際に正多角形のカップづくりを行うことで，カップの大きさをベクトル計算で求めたり，実際に計測したりして対応させることで，理解を深めることができるようになると考えられる。

「5.3 ⓰簡易版缶模型の体積を求めよう」では，第1学年の「図形の計量」の内容を扱う。複雑な形状の立体であっても，角柱や角錐といった基本的な立体図形に区分けし，三角比や平方根の考えを活用しながらそれぞれの体積を求めることで，正確に体積を求めることができることを経験させる。こうした構造が飲料缶などにも活用されており，それらが容器内の液量にも反映することなどを扱うことで，現実事象への数学の適用・活用を理解することができる。

「5.4 ⓱紙容器の構造を解き明かそう」では，第1学年の「三角比」や「図形の計量」の内容を扱う。近年，エコロジーの観点から，紙容器が注目されており，1枚の用紙を工夫して様々な容器の形に仕上げることができる。この形づくりの過程で，三角比を活用して，様々な形状の容器を正確に折ることや，あらかじめ，底面積，側面積，体積などを求め，それぞれの用途に相応しい容器の形を議論するなどの活動が可能となる。紙容器用の用紙も容易に手に入ることから，実際に容器を製作して活用することにもつなげることができる。

「5.5 ⓲折り船に重りはどれだけ積載できるか」では，第1学年の「平面図形の作図」，「図形の計量」，「空間図形」の内容を扱う。三角形の内心の考えなどを活用して，船の作図を行なったり，様々な箇所で合同な図形をつくったりすることで，ぴったりと紙が重なり船の形を正確に構成することができることなどを，折る作業を通して体得していく。また，平面図形と空間図形の関連についても扱うことができ，極めて高レベルの展開図としての視点を持たせることが可能となる。

「5.6 ⓳折り船の体積はどれだけ大きくできるか」では，第1学年の「平面図形の作図」，「図形の計量」，「空間図形」の内容を扱う。平面での作図において，船底の縦横比や船の高さを変化

させることで浮力が変化し，折り船に積載可能な重りの数がそれぞれ計算によって導き出されるとともに，実際に耐水紙を用いて折ることで実証可能である。また，関数との関連で，Grapesなどの関数グラフソフトウェアを用いて変化する様子をグラフ化し，連続的変化の中における閾値の考え方にもつなげていくことが可能である。

「5.7 ⑳長方形折り鶴の両翼が出なくなる限界の比率を求めよう」では，「平面図形の作図」，「空間図形」の内容を扱う。直角三角形のそれぞれの長さの関係を数学的に式化することで，限界値を求めることが可能である。また，数式において平方根が組み合わさることで，容易に計算することができないが，Excelなどの表計算ソフトウェアを用いることで，縦横比率の近似値を求めることができ，実際に折ることで検証も可能である。

表1.3.5　高等学校図形領域の各学年の内容

学年	図形の定義	図形の構成 要素・性質	図形の計量	空間・位置関係
1	**三角比**(5.1) (5.4) (5.7) ・鋭角の三角比 ・鈍角の三角比 ・正弦定理，余弦定理 ※三角関数 (5.1) (5.4) 　(5.7)	**平面図形** ・三角形の性質 ・円の性質 ・作図(5.1) (5.5) (5.6) 　(5.7)	**図形の計量** (5.3) (5.4) (5.5) (5.6)	**空間図形**(5.5) (5.6) (5.7)
2	**直線と円** ・点と直線 (5.6) ・円の方程式 **軌跡と領域** **角の拡張**			
3	**平面上のベクトル**(5.2) ・ベクトルとその演算 ・ベクトルの内積 **平面上の曲線** ・二次曲線 （直交座標による表示） ・媒介変数による表示 **複素数平面** ・複素数平面 ・ド・モアブルの定理			**空間座標とベクトル** (5.2) ・空間座標，空間に 　おけるベクトル **平面上の曲線** ・極座標による表示 **複素数平面** ・複素数平面

(3) オリガミクスの活用における指導の利点

高等学校数学の図形領域では，平面図形において，三角比や三平方の定理を用いて図形同士や図形内における角の大きさと辺の長さの関係を求めるといったことが扱われる。授業では，これらの計算式や解答を求めることが主たる目的になることが多く，実際にどの程度の角の大きさや辺の長さかといったことに着目することは少ない。したがって，生徒の関心は，問題解きだけになりがちである。オリガミクスでは，少し折り込むだけで，非常に高度な数式関係になることが多く，こうした平面図形における高校数学の内容をかなり取り込んだ授業展開が可

能となる。また，角の大きさや辺の長さを実際に重ね合わせて検証することができる点に最大の特徴がある。

　次に空間図形において，平面の用紙を折り込むことで，複雑な空間図形や左右対称な空間図形を製作することが可能であり，平面図形の性質だけでなく，空間ベクトルなどの扱いも可能となる。今回は，7つの活用実践事例しか取り上げていないが，幼少期に折った典型的な折り紙作品にも，多種多様な数学が潜んでおり，高等学校の数学を活用すれば，科学的な視点から折り紙を捉え直す機会となって，生徒の数学や科学への好奇心を高めることが期待される。

　また，ICTを活用することで，複雑な数式であっても近似値や連続的な数値を容易に導出することが可能となり，連続的なグラフを表示することで，閾値などの関係も視覚的に理解可能となる。

　折り紙という単純な正方形（長方形）の用紙一枚で，その中に多様な数学が登場するという経験を通して，生徒が数学を身近なものとして捉えることに役立つと考えられる。

オリガミクス参考図書

　折り紙やオリガミクスの数理に関する書物は，書店で数多く見つけることができる。以下，より深くオリガミクスを学びたい人のために，参考図書を挙げておく。

● **折り紙編**

　布施和子（1988）『立体からくり』誠文堂新光社，東京

　笠原邦彦（2000）『最新・折り紙のすべて』日本文芸社，東京

● **初級編**

　阿部恒（2003）『すごいぞ折り紙』日本評論社，東京

　芳賀和夫（1996）『オリガミクスによる数学授業』明治図書，東京

　堀井洋子（1977）『折り紙と数学』明治図書，東京

　堀井洋子（1991）『折り紙と算数』明治図書，東京

　渡部勝（2000）『折る紙の数学』講談社（ブルーバックス），東京

● **中級編**

　伏見康治・伏見満枝（1979）『折り紙の幾何学』日本評論社，東京

　芳賀和夫（1999）『オリガミクスⅠ』日本評論社，東京

　芳賀和夫（2005）『オリガミクスⅡ』日本評論社，東京

　川村みゆき（1995）『多面体の折紙』日本評論社，東京

　ロベルト・ゲレトシュトレーガー（2002）『折紙の数学』森北出版，東京

　トーマス・C・ハル（2005）『折り紙の数理と科学』森北出版，東京

● **上級編**

　ジョセフ・オルーク（2012）『折り紙のすうり』近代科学社，東京

　日本応用数理学会監修（2012）『折紙の数理とその応用』共立出版，東京

（黒田恭史）

第2章

オリガミクスと
STEAM教育

第2章 オリガミクスとSTEAM教育

2.1 STEAM教育とオリガミクスのつながり

本節の概要

本節では，まず，本書の副題に取り上げられている「STEAM教育」の概略を述べる。次に，オリガミクスにおける算数・数学(M)を中心にしたときの各分野(S, T, E, A)のつながりを整理する。

STEAM教育とは

日本の教育では，社会的課題を解決し，新たな価値を創造できる人材の育成が求められており，STEAM教育が注目されている。STEAM教育とは，Science, Technology, Engineering, Art[*1], Mathematicsの各教科を横断的に学び，実社会での問題発見・解決に活かすための教育である。

このSTEAM教育は，もともとSTEM教育から発展したものであり，STEM教育では主に課題に対する最適解や納得解を導くことが重視されてきた。STEAM教育では，人の発想や感性を活かす芸術(A)の要素を取り入れることで，イノベーションの促進を目指している。

オリガミクスとSTEAM教育

日本の伝統文化である折り紙は，その美しさや遊び心に加えて，数学，科学，技術の視点からも多くの可能性を持っている。特に，工学の視点を取り入れることで，折り紙の技法は単なる芸術表現や教養学習にとどまらず，現代では飲料缶や観光地図，医療器具の開発にまで応用されるようになった。

第3章から第5章で取り上げている20の実践例は，算数・数学教育用の教材としてだけでなく，STEAM教育の教材としても活用できる。本章では，オリガミクスにおける算数・数学を中心にしながら，科学，技術，工学，芸術を組み合わせることで，教材の意味付けやその可能性をどのように広げることができるかを検討していきたい。

そこでまずは，オリガミクスにおける算数・数学(M)と，各分野(S, T, E, A)のつながりを整理する。

> **科学(Science)** では，仮説を立て，実験や観察で得たデータを分析し，その結果を検証する過程で数学が用いられる。
> 　**例**：教材4.1のように，折り紙で1辺の五等分点を折り分ける方法を見つけ，その方法がなぜ正しいのかを図形を用いて証明すること。
>
> **技術(Technology)** では，折りの技法やICT機器の使用において数学が用いられる。
> 　**例**：教材4.3のように，三角形の内接円を利用して折り鶴を平坦に折り畳むことや，教材4.5のように，幾何学用のソフトウェアなどを利用して，折り紙作品の設計図を作成すること。

[*1] Aには，リベラルアーツ・教養(Arts)が含まれるが，本書では芸術(Art)のみを取り上げる。

> **工学 (Engineering)** では，機能性や実用性などを高めることを目的に，課題の設定から解決に至るプロセスで数学が用いられる。
>
>> 例：教材5.6のように，より大きな形状の折り紙作品を作るために，数式を用いて体積を求めたり，実験などで評価を行なったりすること。
>
> **芸術 (Art)** では，個々人の発想や感性などを表現する際に数学が用いられる。
>
>> 例：教材3.2のように，二等辺三角形や正多角形などの平面図形を敷き詰めて模様を作ることや，教材3.4のように，図形の対称性や多角形の性質を用いて美しい図形を作ること。

　オリガミクスにおける算数・数学(M)，科学(S)，技術(T)が組み合わさることで，理数系の視点から折り紙の構造や法則を探究することが可能となる。折り紙を通じた体験的な活動や作業は，学習者に実感をもたらし，理解を深める一助となると考えられる。

　さらに，工学(E)や芸術(A)の視点が加わることで，学習者自身が独自の折り紙作品を創作する機会を得ることができる。その際には，紙を何度も操作しながら思考を重ねる過程で，工学と芸術の双方の視点を意識しつつ学習に取り組むことができると考えられる。

●**引用・参考文献**

葛城元 (2022)「第5章 STEAM教育における数学教育」；黒田恭史編著『中等数学科教育法序論』共立出版, pp.91-110

（葛城元）

2.2 STEAM教育の視点から見たオリガミクス

本節の概要

本節では，第2.1節で述べたSTEAM教育とオリガミクスのつながりを踏まえ，第3章から第5章にわたる20のオリガミクス教材をSTEAM教育の視点から解説する。これらを踏まえて，オリガミクスとSTEAM教育の可能性について考察する。

小学校でのオリガミクス教材とSTEAM教育

表2.2.1は，第3章で取り上げる小学校でのオリガミクス教材と，それらがSTEAM教育にどう対応しているかを整理したものである。表内の「〇」は，各教材における「数学的な扱い」および「授業の展開例」に基づき，どの項目が対応しているかを示している。

表2.2.1　小学校でのオリガミクス教材とSTEAMの対応表

小学校	科学（S）	技術（T）	工学（E）	芸術（A）	算数（M）
3.1	〇			〇	〇
3.2	〇			〇	〇
3.3	〇			〇	〇
3.4				〇	〇
3.5	〇			〇	〇
3.6	〇	〇	〇		〇

以下では，第3.1～3.6節について，オリガミクスにおける算数と各分野とのつながりについて概説する。

「3.1 ❶規則を見つけて考えよう」では，科学（S）とのつながりが主である。2～5回と折りの回数を増やすことで，図形がどのように変化するかを予想・推測する学習が科学（S）に対応する。実験で得られた偶数回折りと奇数回折りの結果を分類し，図形の対称性に着目することや，観察してわかったことを表に整理し，関係性を見出す際には算数（M）が活用できる。さらに，発展的な内容として，芸術（A）の視点から幾何学的な模様づくりに取り組むことも可能である。

「3.2 ❷二等辺三角形の敷き詰め」では，芸術（A）とのつながりが主である。作った作品や模様の美しさを感じ取ることが対応する。これらを追究する際に，作品や模様から見出される図形に着目し，算数（M）を用いてその美しさを説明できる。発展的な内容として，科学（S）の視点から，蜂の巣のハニカム構造や玄武岩の柱状節理（五角形や六角形）を探究することが可能である。

2.2 STEAM教育の視点から見たオリガミクス

「3.3 ❸図形を落ちや重なりがないように数えよう」では，芸術 (A) とのつながりが主である。「にそうぶね」や「ふうせん」の折り紙作品を広げ，規則的に配置された図形を発見する学習が芸術 (A) に対応する。また，科学 (S) とのつながりとして，大きさの異なる正方形を分類し，効率的に数え上げる過程で仮説を立て，検証する活動も含まれる。発展的な内容として，算数 (M) と芸術 (A) の視点から，図形の関係性を辺の長さや角度，面積として数値化し，「にそうぶね」や「ふうせん」を深く考察することも可能である。

「3.4 ❹折って，切って，探究する」では，芸術 (A) とのつながりが主である。折り紙を1回折って形を作る過程を通して，「美しい形」とは何かを考察する学習が芸術 (A) に対応する。考察する際には，正多角形の性質や対称な図形の対称性といった算数 (M) を活用できる。発展的な内容として，再び芸術 (A) の視点から，学習者が切り絵アートを創作することで，より自由度の高い創作活動に発展させることも可能である。具体的には，図形の対称性を取り入れたり，複数の正多角形を組み合わせたりすることが挙げられる。

「3.5 ❺折ることと面積の関係を考察しよう」では，科学 (S) とのつながりが主である。図形の形状と面積の関係について，紙を折りながら探究する学習が科学 (S) に対応する。この過程では，「なぜその折り方をすると面積が半分になるのか」や「折り線を加えると面積がどのように変化するのか」を考察する際に，合同な図形や図形の面積などの算数 (M) を活用できる。発展的な内容として，芸術 (A) の視点から，教材3.6の「ダイヤカット」や，教材4.5の「ミウラ折り」などの作品づくりに取り組むことが挙げられる。

「3.6 ❻折り線を加えて異なる作品をつくろう」では，科学 (S) と工学 (E) とのつながりが主である。折り紙の研究から生まれた「ダイヤカット」の製作にあたり，「やっこ」と「いす」の設計図を観察し，折り線を加えていく学習が科学 (S) と工学 (E) に対応する。この際，設計図内の合同な直角二等辺三角形に着目し，それらを規則的に敷き詰めるために算数 (M) や山折りと谷折りを組み合わせる折りの技術 (T) が活用できる。発展的な内容として，芸術 (A) の視点からデザイン性を追究し，直角二等辺三角形以外の合同な図形での作品づくりに挑戦することも可能である。

中学校でのオリガミクス教材とSTEAM教育

表2.2.2は，第4章で取り上げる中学校でのオリガミクス教材と，それらがSTEAM教育にどう対応しているかを整理したものである。表内の「○」は，各教材における「数学的な扱い」および「授業の展開例」に基づき，どの項目が対応しているかを示している。

第2章 オリガミクスとSTEAM教育

表2.2.2　中学校でのオリガミクス教材とSTEAMの対応表

中学校	科学（S）	技術（T）	工学（E）	芸術（A）	数学（M）
4.1	○				○
4.2	○		○		○
4.3	○	○			○
4.4	○	○			○
4.5	○	○	○		○
4.6		○	○		○
4.7	○				○

　以下では，第4.1 ～ 4.7節について，オリガミクスにおける数学と各分野とのつながりについて概説する。

　「4.1　❼折り紙の$\frac{1}{4}$, $\frac{1}{5}$の正方形を折ることでできた折り線や点について探究しよう」では，科学（S）とのつながりが主である。折り紙を使って$\frac{1}{4}$や$\frac{1}{5}$の面積となる正方形の折り方を探究する学習が科学（S）に対応する。この折り方を考えたり説明したりする際には，数学（M）が活用できる。さらに，高校数学Ⅱの「図形と方程式」に通じる発展的な内容として，「垂直に交わる2直線の直交条件」や「線分の中点の座標の求め方」などの図形を代数的に分析する活動に接続可能である。これらは，高等学校でのSTEAM教育を行ううえでの素地を養うことが期待される。

　「4.2　❽折り紙の1辺の三等分点の折り方について探究しよう」では，科学（S）と工学（E）とのつながりが主である。紙を効率よく三つ折りにする方法を探究する学習が対応する。教材4.1と同様，折り方の検討・説明に数学（M）が活用できる。発展的な内容として，工学（E）の視点から，A4用紙の三つ折りや五つ折りの折り方を考案することが可能である。また，技術（T）の視点から，GeoGebraを使った数式入力や図形描画による詳細な分析にもつなげることができる。

　「4.3　❾折り鶴に潜む図形の性質を見つけよう」では，科学（S）と技術（T）とのつながりが主である。代表的な折り紙作品の「折り鶴」に潜む数理的な特徴を探究する学習が科学（S）に対応する。その際，合同な三角形や三角形の内心・内接円などの数学（M）が活用できる。その成果をもとに，長方形用紙で折り鶴を製作する方法を模索・工夫する学習が技術（T）に対応する。発展的な内容として，科学（S）の視点からは，正方形と長方形の折り鶴の形状や構造を比較する活動，芸術（A）の視点からは，長方形折り鶴の完成品の美しさを追究する活動が可能である。

　「4.4　❿レジ袋の中に隠れた三角形の不思議に迫ろう」では，科学（S）と技術（T）とのつながりが主である。レジ袋に見立てた長方形の紙を折り畳むことで生じる三角形の隠れた性質を探究する学習が科学（S）に対応する。出来上がった図形が，二等辺三角形であることを平行線

の錯角や三角形の性質などの数学 (M) を用いて証明できる。発展的な内容として，工学 (E) や技術 (T) の視点から，折り紙を用いてレジ袋の効率的な折り方を工夫することが挙げられる。

「4.5　⓫生活に活かす数学（PCCPシェルとミウラ折り）」では，科学 (S)，技術 (T)，工学 (E) とのつながりが主である。折り紙作品の強度を高める工夫を探究する学習が科学 (S) と工学 (E) に対応する。また，折り紙作品の形状の考察には，直線と角，点と直線の関係などの数学 (M) を活用できる。発展的な内容として，技術 (T) の視点から，GeoGebra で折り紙作品の設計図を描画・印刷し，科学 (S) の視点から実験を通じて強度の変化を検証することが可能である。

「4.6　⓬エレベーターでソーシャルディスタンス」では，技術 (T)，工学 (E) とのつながりが主である。エレベーター内で3人が最も離れる配置を考察する学習が工学 (E) に対応する。課題解決では，折り紙で正三角形を作り，合同図形や三平方の定理などの数学 (M) を活用できる。発展的な内容として，技術 (T) の視点から，正三角形の面積を式で表現し，GeoGebra を用いて面積の最大化を追究することが可能である。

「4.7　⓭結び目五角形の証明」では，科学 (S) とのつながりが主である。割り箸の袋や紙テープなどの長方形用紙を結ぶようにして折ると，結び目部分に五角形が現れるが，これが正五角形であるかを仮説立てて検証する学習が科学 (S) に対応する。五角形の各辺の長さと内角の大きさがすべて等しいことを示すために，直線と角の関係や三角形の合同といった数学 (M) が活用できる。発展的な内容として，科学 (S) の視点からは正五角形に潜む黄金比を見出し，芸術 (A) の視点からは，その特性を教材 4.3 の折り鶴の美しさに反映させることが可能である。

高等学校でのオリガミクス教材とSTEAM教育

表 2.2.3 は，第5章で取り上げる高等学校でのオリガミクス教材と，それらが STEAM 教育にどう対応しているかを整理したものである。表内の「○」は，各教材における「数学的な扱い」および「授業の展開例」に基づき，どの項目が対応しているかを示している。

表2.2.3　高等学校でのオリガミクス教材とSTEAMの対応表

高等学校	科学 (S)	技術 (T)	工学 (E)	芸術 (A)	数学 (M)
5.1	○	○			○
5.2	○				○
5.3	○				○
5.4	○	○	○		○
5.5	○				○
5.6	○	○	○		○
5.7	○			○	○

第2章 オリガミクスとSTEAM教育

　以下では，第5.1〜5.7節について，オリガミクスにおける数学と各分野とのつながりについて概説する。

　「5.1 ⑭正五角形の折り方と証明」では，科学（S）とのつながりが主である。折り紙で正五角形を正確に作る方法と作れない方法を比較し，その結果を検証する学習が科学（S）に対応する。ここでは，三角比や三角関数といった数学（M）を活用し，角度の計算には関数電卓などの技術（T）も用いることができる。発展的な内容として，科学（S）の視点から他の正多角形の折り方も妥当であるかを検証したり，芸術（A）の視点から装飾への応用を考えたりすることが挙げられる。

　「5.2 ⑮正六角形カップの折り方とその構造」では，科学（S）とのつながりが主である。正六角柱の形をした紙カップを製作し，その構造を分析する学習が科学（S）に対応する。完成品を製作する過程で，点や辺の移動を把握するためにベクトルなどの数学（M）を活用できる。発展的な内容として，工学（E）の視点から紙カップの設計に応用することも可能である。設計図を作成では，ベクトルや解析幾何の手法を用いて分析することで，完成品の形を予測することが可能になる。

　「5.3 ⑯簡易版缶模型の体積を求めよう」では，科学（S）とのつながりが主である。ダイヤカット缶を簡素化した「簡易版缶模型」の形状を分析する学習が科学（S）に対応する。複数の解法があるため，これらを比較・検討することも可能である。簡易版缶模型の寸法や体積を求める際には，角錐の体積，三平方の定理，三角比といった数学（M）を活用できる。発展的な内容として，工学（E）の視点から，ダイヤカット缶の形状を分析し，その強度や性能を簡易版缶模型と比較する活動につなげることができる。

　「5.4 ⑰紙容器の構造を解き明かそう」では，科学（S），技術（T），工学（E）とのつながりが主である。紙容器の構造を分析する学習が科学（S）に対応する。紙容器の寸法を求めるために，仮定や条件を設定し，二等辺三角形や平行四辺形の性質，三角比といった数学（M）を活用できる。その結果が正しいかを確認するために紙同士を重ねたり，ものさしで長さを測定したりできる。発展的な内容として，工学（E）や芸術（A）の視点から，紙容器の強度や見た目のデザインを追究するために，底面や側面の図形を工夫して紙容器を製作することが可能である。

　「5.5 ⑱折り船に重りはどれだけ積載できるか」では，科学（S）とのつながりが主である。折り船を製作し，水に浮かべて重りの積載量を調べ，浮力の計算結果と実験結果を比較・検証する学習が科学（S）に対応する。この過程で，内角の二等分線と線分の比，三角形の内接円，三平方の定理，浮力の概念などの数学（M）を活用できる。発展的な内容として，工学（E）と技術（T）の視点から，折り畳んで収納可能なカヌーの設計が考えられる。

　「5.6 ⑲折り船の体積はどれだけ大きくできるか」では，科学（S），技術（T），工学（E）とのつながりが主である。折り船の体積の最大化するために，同サイズの1枚の紙で折り方を工夫

し，実際に実験で検証する学習が工学（E）と科学（S）に対応する。その過程では，座標を用いた図形と方程式，微分法の考え方などの数学（M）を活用できる。数学的な結果をもとに，折り船の設計図や完成品をコンピュータで描画し，形状を動的に変化させて観察する学習が技術（T）に対応する。発展的な内容として，芸術（A）の視点から，船の底面や側面の図形を工夫して新たな折り船を製作することが挙げられる。

「5.7 ⑳長方形折り鶴の両翼が出なくなる限界の比率を求めよう」では，科学（S），技術（T），芸術（A）とのつながりが主である。長方形で製作した折り鶴の両翼が胴体から出なくなる比率を明らかにする学習が科学（S）に対応する。折り鶴の両翼と胴体の関係を表現する際に，三角比や三角関数といった数学（M）を活用できる。また，関係式に基づいて比率の限界点を表計算ソフトで求める学習が技術（T）に対応する。これらの分析をもとに，黄金比や白銀比を取り入れた折り鶴を製作し，そのバランスや美しさを考察する学習が芸術（A）に対応する。発展的な内容として，科学（S）と芸術（A）の視点から，長方形以外の形状でも折り鶴を製作できるかを探究することが挙げられる。

オリガミクスとSTEAM教育の可能性

　これまでに，第3章から第5章にわたる20のオリガミクス教材とSTEAM分野とのつながりを概観してきた。これらの教材の特徴は，第1.3節で示しているように，算数・数学（M）の内容が明確に位置付いている点にある。

　一方で，科学（S），技術（T），工学（E），芸術（A）については，すべての教材がすべての分野に対応しているわけではないが，小学校から高等学校までを通して，各STEAMの分野をバランスよく扱いながら，各分野間のつながりを重層的に指導していくことが重要であると考えられる。

　最後に，オリガミクスとSTEAM教育の可能性について考察する。

　オリガミクスは，算数・数学（M）を中心に据え，図形教育の体系的な流れを意識しながら複数の単元を結びつけて発展させることができる。例えば，教材5.4の「紙容器」では，小学校算数科での基本的な図形の学習から始め，中学校では平行線の性質や合同な三角形の学習，高等学校での三角比や解析幾何，ベクトル幾何などの高度な数学的分析へとつなげることが可能である。

　こうした系統的な学習は，難易度が高くなりがちであり，途中で学習者が興味や目的意識を見失うことも想定される。そこで，STEAM教育の科学（S）の視点を取り入れることにより，学習者は仮説を立て，紙を折り重ねて比較する作業・体験ができ，興味や目的意識を高めることが図られる。

　また，オリガミクスはICT機器などの技術（T）との相性が良く，仮想空間上で紙容器の設計図を動的に観察・シミュレーションしたり，紙で印刷して実物と比較したりすることができる。これにより，学習者は抽象的な数学の概念を具体的に把握できるようになることが見込まれる。

　さらに，工学（E）の視点からは，折り紙作品の実用性や機能性の追究が可能であり，ここに芸術（A）の視点を加えることで，発想や感性を活かした独創的な作品の創出が期待される。また，

作品の強度やバランスといった工学（E）の視点に立ち返って評価を行うことにより，数学の活用が促進される。

　上記のことから，オリガミクスとSTEAM教育は算数・数学（M）を中心に据えつつ，各分野に働きかけ，相互に高め合う可能性を有している。こうした学習の積み重ねによって，実生活や実社会に応用できる力が育まれ，数学の有用性や内容理解も深まることが期待される。また，現行の教育カリキュラムには「算数」「数学」に加え，「総合的な学習（探究）の時間」や「理数探究基礎／理数探究」といった探究的な科目も設置されており，より自由度の高い教育が可能になっている。これらの教科や科目において，算数・数学教育の縦のつながりとSTEAM教育における横のつながりを意識し，オリガミクス教材を活用していくことで，児童・生徒の能力向上に寄与できるのではないかと考えられる。

● **引用・参考文献**

　葛城元（2022）「第5章 STEAM教育における数学教育」；黒田恭史編著『中等数学科教育法序論』共立出版，pp.91-110

（葛城元）

第3章

小学校での
オリガミクス教材

第3章 小学校でのオリガミクス教材

3.1 ❶規則性を見つけて考えよう

本節の概要

本節では,「折り紙を6回直角二等辺三角形に折り,底辺と平行に切断し広げると,どのような図形になるか」というテーマをもとに,小学校第6学年で学習する「対称な図形」や「図形の拡大と縮小」の考え方を用いて問題解決する教材を取り扱う。

教材とSTEAM教育の対応

本教材は,数学の分野に重点を置いている。具体的には,2~5回折りの図形を折り紙で作成し,それらをもとに6回折りの図形を予想・類推する(M)。他分野との関わりとしては,作成した図形は幾何学的な模様(A)となっている。また,実際に16cmの正方形用紙では作成不可能な6回折りより折る回数が多い場合であっても,ICT機器を活用することで再現することが可能(T)である。

折り方の説明

- 折り紙(1辺16cmの正方形用紙),ハサミを用意する。5回折りは紙が厚くなるので,ハサミは大きいものを用意したほうがよい。
- 折り紙を対角線で谷折り,さらにもう一度半分に折る。(2回折りの場合)
- 直角二等辺三角形を図3.1.1のように切断し,残った台形型の用紙を広げる。広げた図形を2回折りの図形とする。

例:2回折り(破線は谷折り,実線は切断)

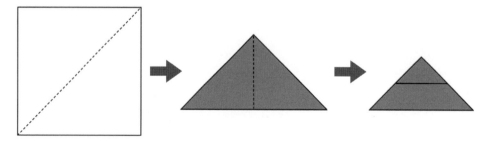

図3.1.1　2回折りの折り方・切断方法

教材の数学的な扱い

6回折りがどのような図形になるのか,2~5回折りの図形の変化に着目して予想・類推する教材である。

6回折りの図形は次のようにして考えることができる。本時において,児童が作成する図形は図3.1.2(左から順に2~5回折り)のようになる。これらの図形をもとに6回折りの図形を予

想する。これらの図形は，偶数回折り（2, 4回折り）と奇数回折り（3, 5回折り）に分類することで，各図形間の規則性に気付きやすくなる。その中でも偶数回折りの図形間の規則性は，表3.1.1の通りである。4回折りの図形は，基準図形との相似比が2:1である縮小された図形が4個で構成される。同様に，6回折りの場合も4回折りの図形が$\frac{1}{2}$倍に縮小された図形4個で構成される。つまり，基準図形との相似比が4:1である図形16個で構成される。奇数回折りについても，3回折りの図形を基準図形と定めると偶数回折りの場合と同様に考えることができる。

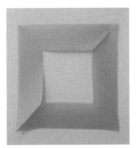

図 3.1.2　2~5回折りの図形

表 3.1.1　偶数回折りの図形間の関係性

折り方	2回折り（基準図形）	4回折り	6回折り
図形			
基準図形と相似な図形の数	1個	4個	16個
基準図形と縮小された図形の相似比	1:1	2:1	4:1

本教材の解答にたどり着くまでの過程としては，図形の対称性に着目することはもちろんであるが，基準図形とそれと相似な図形の個数やその相似比に着目し，表に表すことで関数的な扱いによって解決することも可能である。図形的な視点にのみにこだわらず，児童の豊かな数学的な見方・考え方を引き出したい。

授業のねらい

- 折り紙を切断してできた図形間の規則性を見い出すことができる。
- 見い出した規則性を言葉，図，数，表などを用いて表現・説明することができる。

第3章 小学校でのオリガミクス教材

授業の展開例

学習指導案（1コマ扱い）は，以下のとおりである。

区分	学習活動と内容	指導上の留意点・指示
【導入】 10分	・2回折りを作成し，提示する。	①2回折り完成後，本課題を提示する。
	課題： 同じように6回折りを作成した場合，どのような図形になるでしょう。ただし，実際に作らずに考えるものとする。	
	・どのようにして6回折りの図形に迫るか教室で方針を立てる。 **（児童の考え）** 3〜5回折りを同様に作成し，そこから予想する。	②3〜5回折りを作成し，予想するという方針が立ち次第，正方形用紙を配布する。指導者が簡単に3〜5回折りを作成し，予想するという流れを提示しない。
	6回折りの図形をグループで予想しよう。	
【展開1】 15分	・3，4人のグループを編成する。グループで2〜5回折りを作成する。 ・まずは，個人で考える。 **（児童の考え）** 「穴の空いた正方形とバツ印が交互に現れる。」「2，4回折りと3，5回折りの図形が似ている。」 ・グループで考え方を共有し，6回折りの図形を予想する。	③グループで2〜5回折りを分担して作成するよう指示し，6回折りの図形を予想させる。 ・机間指導を行い，ヒント提示や助言を行う。
【展開2】 15分	・各グループの結論を共有する。 ・代表のグループが考え方を発表する。	④どのようにして，6回折りの図形を考えたのかを発表させる。
【まとめ】 5分	・実際に6回折りを作成し，提示することで正解を発表する。	⑤6回折りは紙が厚くなり，切断が難しいので，5回折りの図形を切断して作成する。 ・7，8回折りの図形を予想させてもよい。

（学習指導案の③と④）

　6回折りの図形を予想するには，2〜5回折りの図形をもとに考える必要がある。最初は，正方形とバツ印が交互に現れるなど簡単な規則性に気付くことが予想されるが，6回折りの図形に迫るには，さらに偶数回折りと奇数回折りの2種類に分類する必要がある。この分類方法に児童だけでたどり着くことができるとよいのだが，指導者は，「2〜5回折りの図形に隠れたルールを見つけてみよう。」や「2〜5回折りの図形を2つに分けるとするとどのように分ける。」など児童が6回折りの図形に迫れるよう，ヒントや助言を準備しておきたい。

　図形やそれらの関係性を言葉，図，数，表など様々な方法で表すことで，そのように表現されたものから，さらに詳しい規則性を読み取ることができるようになる。見い出した規則や思考過程を互いに表現，説明し合うことでより良いものへと高め合いたい。自由な考え方・表現を

児童から引き出したいため，発問は「6回折りの図形をグループで予想しよう。」とした。「6回折りの図形を描こう」などとすると考え方・表現の幅が狭まるためである。

（学習指導案の⑤）

授業のまとめでは，6回折りを作成し，提示する必要があるが，実際に6回折ると紙が厚く，切断が困難である。そこで，5回折りの三角形を図3.1.3のように工夫して切断し，6回折りを作成する。今回，学習指導案に記載はしていないが，5回折りの三角形を切断し，6回折りを作成する方法を児童に問いかけてもよい。6回折りの図形を完成させるために切断する部分がどこにあたるのかを線対称な図形を意識しながら考えることができる。

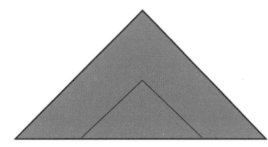

図3.1.3　6回折りの作成方法

また，図形間の規則性に気付くと，紙では作成不可能な図形を予想することもできる。授業のまとめにおいて，7,8回折りの図形を予想させてもよい。そのとき，「2回折り，3回折りの図形（基準図形）が縮小されたものがいくつ含まれるだろうか。」などの追発問を取り入れることもできる。

● 引用・参考文献

文部科学省(2017) 小学校学習指導要領（平成29年告示）解説算数編

（横井歩）

3.2 ❷二等辺三角形の敷き詰め

🧭 本節の概要

本節では，二等辺三角形を敷き詰める活動を通して，図形の広がり・美しさについて考える。そこで見い出した図形の性質を，辺の長さの相等に着目し，考察する活動を設定している。小学校第3学年「三角形と角」での授業の展開例を解説する。

🧭 教材とSTEAM教育の対応

本教材は，数学と芸術の分野に重点を置いている。具体的には，直角三角形を敷き詰め，数学的な図形にこだわらず作品作りを行う。出来た作品に美しさを感じとり，なぜきれいなのか考えることをきっかけに図形の考察（M）に移りたい。ICTを活用（T）することで，さらに自由度の高い敷き詰めや作品作りが可能になる。他にもテセレーションや日本伝統文様（A）の芸術分野や蜂の巣のハニカム構造，玄武岩の柱状節理（S）などの自然科学分野への繋がりがある。

🧭 折り方の説明

- 折り紙（1辺7.5cm程度の小さめのもの），ハサミを用意する。
- 図3.2.1のように二等辺三角形のユニットを複数個折る。

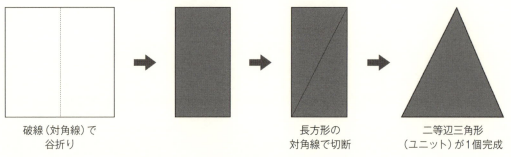

破線（対角線）で谷折り　　長方形の対角線で切断　　二等辺三角形（ユニット）が1個完成

図3.2.1　二等辺三角形（ユニット）の折り方

🧭 教材の数学的な扱い

本教材は，二等辺三角形のユニットを敷き詰めた模様を観察する活動を通して，二等辺三角形から生まれる模様の美しさや図形的な広がりを感じ取れるようにする。そして，模様から見い出した図形の形や性質を辺の長さの相等に着目し，考察する。以下では，その解説をする。

まずは，ユニット（二等辺三角形）の敷き詰め模様の作成を行う。作品例は，図3.2.2である。「模様がどうしてきれいに見えるのか。」という問いに対しては，「敷き詰められているから。」や「他の図形が見えるから。」などの答えが予想される。その後，二等辺三角形が隙間なく敷き詰めることができる理由を問う。児童の考え方としては，「二等辺三角形は，2つの辺の長さが等しいから，ぴったりくっつく。」などと答えることが予想される。その際，二等辺三角形の定義を再確認したい。

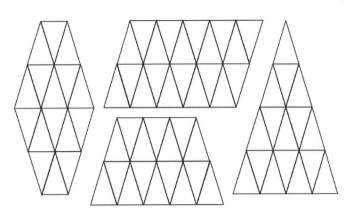

図3.2.2　模様例

　授業のまとめでも扱うが，他の図形では，平面に隙間なく敷き詰めることができるのかどうかについても簡単に扱う。この問いの今後の学習への系統性を記述しておく。敷き詰めに使う図形を，第5学年で学習する正多角形のうち1種類とすると，敷き詰め可能なのは，正三角形，正方形，正六角形に限定される。限定される理由を以下に示す。

> 平面に合同な正p角形が隙間なく重なりもなく敷き詰めて，各頂点でq個の正p角形の辺が交わるようにできたとする。正p角形の1つの内角の大きさは，$180\times(p-2)\div p = \frac{180(p-2)}{p}$である。1つの頂点に集まる角の和は，360°であるので，$\frac{180(p-2)q}{p}=360$が成り立つ。これを整理すると，
>
> $(p-2)q=2p$
>
> $pq-2p-2q=0$
>
> $(p-2)(q-2)=4$
>
> となる。$p\geq 3$, $q\geq 3$より，
>
> $(p-2, q-2)=(1, 4), (2, 2), (4, 1)$
>
> $(p, q)=(3, 6), (4, 4), (6, 3)$

　この内容は，中学校第1学年で学習する。授業のまとめで縦の系統性を示すこともできる。さらに，正多角形（複数種類）の場合や正多角形以外の図形1種類の場合など条件を変更すると，発展性のある課題となる。

🥷 授業のねらい

- ユニットを敷き詰める活動を通して，平面図形の美しさを感じ取り，ユニット以外の図形を見い出すことができる。
- 見い出した他の図形について，辺の長さが等しい部分に着目し，どのような図形か考察することができる。

授業の展開例

学習指導案（2コマ扱い）は，以下のとおりである。

区分	学習活動と内容	指導上の留意点・指示
【導入】 45分	・ユニットを作成し，敷き詰める活動を行う。	①完成した作品は，写真に撮り，指導者が集約する。
【展開1】 15分	(敷き詰めた模様は) どうしてきれいに見えるのだろう。	
	(児童の考え) ぴったり敷き詰められているから。 規則正しいから。二等辺三角形以外の図形が見えるから。 ・追発問「なぜ隙間なく敷き詰めることができるのだろう。」 (児童の考え) 2つの辺が等しい三角形だから。	②模様に含まれる他の図形について，一度教室全体で取り上げる。形が同じでも大きさが違うものについても別物として扱う。 ③二等辺三角形の定義を再確認する。
【展開2】 20分	(敷き詰めた模様から) いろいろな図形を見つけて，どんな図形か考えよう。	
	・図形を見い出し，教室で全体共有する。 (児童の考え) 様々な形，大きさの二等辺三角形，平行四辺形，正方形，台形を見つけることができる。(上下逆向きも含む。)	④平行四辺形や台形などの未習の図形を見出すことも考えられるが，教室内で呼称を設定し，進める。
【まとめ】 10分	・学習を振り返り，正三角形でも隙間なく敷き詰められるのかや，他の図形が見つけられるのかについて予想する。	⑤正五角形や正七角形の敷き詰め不可能な図形や条件の異なる敷き詰めや蜂の巣のハニカム構造，玄武岩の柱状節理などを示してもよい。

(学習指導案の③)

　なぜ隙間なく並べることができるのかという問いに対して，今回作ったユニットは「2つの辺の長さが等しいから」などと答えることが予想される。「2つの辺の長さが等しいからぴったり規則正しく並べられる」などと敷き詰め可能な理由を，内角の大きさを厳密に取り上げるのではなく，小学校第3学年の既習事項と感覚を大切にしながら表現させたい。

(学習指導案の④)

　模様から他の図形を見い出し，それらの図形の特徴を説明し共有する場面では，「向かい合う辺の長さが等しいななめの四角形（平行四辺形）」や「大きな・小さな二等辺三角形」と平行四辺形や台形などの学習していない図形も，既習事項を基に表現させたい。

(学習指導案の⑤)

　授業のまとめで，本教材の発展性を児童に示し，さらに算数に向かうよう促すことができる。

例えば，図3.2.3のように正五角形や正七角形，円などを用いて敷き詰め不可能な場合を提示することで，敷き詰め可能な図形は特殊であると示すことができる。また，正多角形を2種類活用する場合（図3.2.4）を示すことで複雑性が増し，より芸術性が高まる。敷き詰め可能な図形は正多角形に限らない。平行六辺形（図3.2.5）など多岐にわたるため様々な模様を示すことで，平面図形の敷き詰めの発展性を感じさせることができる。

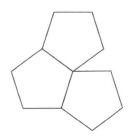

図3.2.3　敷き詰め不可能な場合

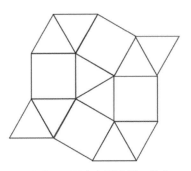

図3.2.4　正多角形2種の場合

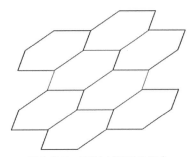

図3.2.5　平行六辺形の場合

平面図形の敷き詰めは，蜂の巣のハニカム構造，玄武岩の柱状節理などの自然科学分野や市松模様などに代表される日本の伝統文様などの芸術分野との関連性も認められる。理科や図画工作との教科間連携を図る教材として活用できる。

●引用・参考文献

啓林館 平面図形における義務教育9年間の学びをつなぐ教材開発の研究 ―正多角形による「敷き詰め」活動を取り入れた授業づくりからの考察, ホームページ

https://www.shinko-keirin.co.jp/keirinkan/chu/math/support/jissen_arch/201409/（2024年9月29日現在）

（横井歩）

3.3 ❸図形を落ちや重なりがないように数えよう

本節の概要

折り紙作品の展開図の折り目は多様である。本節では，折り紙作品の展開図に含まれる図形を見い出し・数えるというテーマをもとに小学校第6学年で学習する「起こり得る場合」の考え方を用いて解決する教材を取り扱う。

教材とSTEAM教育の対応

本教材は，数学と芸術分野に関連している。活動としては，まず折り紙作品である「にそうぶね」と「ふうせん」をつくる（A）。その作品を展開し，展開図に含まれる図形の個数を数え上げる（M）。その後は，任意の折り紙作品（A）の展開図から作問することで，作品を楽しみながら算数の学習へとつなげることができる。

折り方の説明

- 折り紙（1辺16cmの正方形用紙）を用意する。
- にそうぶね，ふうせんの折り方は，図3.3.1，図3.3.2のQRコード（URL）から動画を視聴する。

 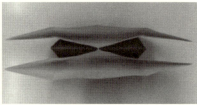

https://youtu.be/MqQf-CSe5gk

図3.3.1　にそうぶねの折り方

 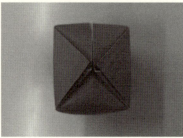

https://youtu.be/pvgwVwGutEQ

図3.3.2　ふうせんの折り方

教材の数学的な扱い

本教材は，にそうぶね，ふうせんを折り，その展開図（図3.3.3）に含まれる図形を見い出し・数えあげる活動を行う。場合分けと積を用いて図形の個数を落ちや重なりがないように調べる方法について考察する。以下ではその解説をする。

48

3.3 ❸図形を落ちや重なりがないように数えよう

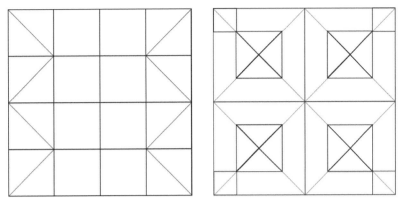

図3.3.3　にそうぶね・ふうせんの展開図

　にそうぶねでは，展開図に含まれる正方形の個数を数える。大きさの異なる正方形が4種類含まれるため，数え上げるには次のような場合分けが有効である。

> 折り紙の1辺の長さを4とすると，
> 1辺の長さが1の正方形は16個　　1辺の長さが2の正方形は9個
> 1辺の長さが3の正方形は4個　　1辺の長さが4の正方形は1個
> 合計で30個となる。

　ふうせんでは，展開図に含まれる直角二等辺三角形の個数を数える。合計68個となるが，工夫して数える必要がある。例えば，表3.3.1のように展開図の一部（ユニット①〜③）に注目し，その中に含まれる直角二等辺三角形の個数（a）を数える。次に展開図に含まれるユニットの個数（b）を数える。そして合計の個数は，その2数の積（$a \times b$）となる。このように同じ数えあげを省略することで早く漏れなく数えることが可能となる。次にユニット②に注目するが，ユニット①で数えた直角二等辺三角形は，ここでは数えないという条件が必要である。3段階に分割して数えると比較的簡単に数えることが可能である。このように結果だけでなく，上手に数え上げる方法について考える時間を設けたい。

表3.3.1　ふうせんに含まれる直角二等辺三角形

	全体の$\frac{1}{4}$	全体の$\frac{1}{2}$	全体
ユニット	①	②	③
ユニットに含まれる直角二等辺三角形の個数 … a	14個	2個	4個
ふうせんの展開図に含まれるユニットの個数 … b	4個	4個	1個
ふうせんの展開図に含まれる直角二等辺三角形の個数 … $a \times b$	56個	8個	4個

第3章 小学校でのオリガミクス教材

授業のねらい

- 展開図に含まれる図形を落ちや重なりがないように数えることができる。
- 図形を落ちや重なりがないように数える方法を考察している。

授業の展開例

学習指導案（3コマ扱い）は，以下のとおりである。

区分	学習活動と内容	指導上の留意点・指示
【導入】 15分	・タブレット端末で動画を視聴して，にそうぶね，ふうせんを折る。 ・作品を展開し，展開図の中に含まれる様々な図形挙げる。	① 1辺16cmの正方形用紙を配布する。 ② 様々な図形を見い出すことを大切にする。
【展開1】 45分	**課題：** にそうぶねの展開図に含まれる正方形の数，ふうせんの展開図に含まれる直角二等辺三角形の数を数えなさい。	
	・展開図を配布して，まずは個人で考え，その後グループで解き方を共有する。 ・解法を全体で共有する。	③ 展開図に含まれる図形の個数を落ちや重なりがないように工夫して数える方法について考察する。 ④ 場合分けや，同じ数え方の省略（表3.3.1）の方法を説明する。
【展開2】 70分	**課題：** 好きな折り紙作品をつくり，その展開図に含まれる図形の数に関する問題とその解説を作りなさい。	
	・任意の折り紙作品をつくり，その展開図から作問する。 ・グループで問題の解答，解説に誤りがないかを確認する。 ・グループ間で問題を交換し，互いに解説をし合う。	⑤ 次の事項を確認し，作問を行う。 ・展開図に含まれる図形の個数を問う問題であること。 ・グループで解説を作成し，教員に確認をとること。 ⑥ グループで1作問する。グループの数は偶数組（問題の交換ができるように）になるようにする。
【まとめ】 5分	・図形を数えるときに大切なことや学んだことを個人で整理させる。	

（学習指導案の②）

　折り紙作品の展開図は複雑であり，そこに含まれる図形は様々である。導入であるため，作品の展開図に表れる幾何学模様そのものや，そこから図形を見つける学習を楽しむことが大切である。

3.3 ❸図形を落ちや重なりがないように数えよう

(学習指導案の③と④)

　にそうぶねとふうせんを扱う理由としては，図形の数を数える際に，場合分けと積を用いる方法について触れるためである。作問時の解法が豊かになることを期待したい。

　まずは，にそうぶねの展開図に含まれる正方形の個数を数える活動を行う。最初は，1辺の長さの異なる正方形を順序立てることなく数えることが予想される。そのため解答を共有すると異なる解答が出ることも考えられる。そこで，「展開図に含まれる図形を落ちや重なりがないように数えるにはどうしたらいいのか」と発問し，本題に迫るような指導をしたい。これまでに起こりうる場合の数を樹形図や表で表すことを学習しているため，それらの重要性は理解しているが，図形の数え上げにはなかなか適していない。そこで，正方形を1辺の長さで4種類に分類し，数えることを取り上げたい。

　次にふうせんの展開図に含まれる直角二等辺三角形の個数を数える活動を行う。表3.3.1のように展開図をユニット①~③に細分化し，ユニット内に含まれる図形を数える（a）。その後，右の図3.3.4のようにそのユニットが展開図にいくつ含まれるのかを数える（b）ことで，2数の積（$a \times b$）で図形を数え上げることができる。数え上げを省略することで，簡単に落ちや重なりがないように数えることができる。

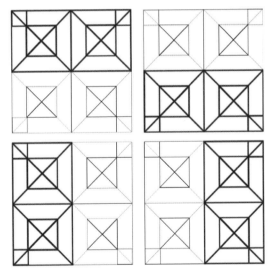

図3.3.4　ふうせんの展開図に含まれるユニット②（表3.3.1より）

(学習指導案の⑤と⑥)

　任意の折り紙作品をつくり，展開図に含まれる図形の個数を問う問題作りの活動を行う。その後は，問題を交換し，解説しあう。ただ，問題を解くだけでなく，解法や考え方を相手にわかりやすく伝えられるように表や図，式などを用いて説明できるレベルを目指したい。

●引用・参考文献

文部科学省（2017）小学校学習指導要領（平成29年告示）解説算数編
千野利雄（1981）「やさしくおれるたのしいおりがみ」東京書店

（横井歩）

3.4 ❹折って,切って,探究する

本節の概要

本節では,「折り紙を1回切って様々な形をつくろう」というテーマで,正方形や正多角形,星型の4つの形を作る課題と,自由に切って独自の形をつくる活動を紹介する。これにより,図形の対称性や角度,多角形の性質の理解を深める。また,図形の美しさや創造性について考える機会を提供する。これらの展開は,小学校第6学年「対称な図形」に対応し,「一刀切り」にも繋がる内容である。

教材とSTEAM教育の対応

本教材は数学と芸術に重点を置いている。折り紙を1回切って形をつくる課題を通して,試行錯誤しながら図形の理解を深める(M)。また,これらの形の美しさ(A)を考えることで,正多角形の性質や対称な図形の理解を深めることができる(M)。最後には,数学的な図形にこだわらず自由に作品作りを行う(A)。切り絵アート(A)や,雪の結晶や花弁の幾何学模様(S)を紹介することで,数学と他の分野のつながりを実感させることもできる。

折り方の説明

- 折り紙(1辺16cmの正方形用紙)とハサミを用意する。

図3.4.1 導入課題「正方形」

図3.4.2 課題①「正八角形」

図3.4.3 課題②「正五角形」

図3.4.4 課題③「星型」

教材の数学的な扱い

本教材では,折り紙を1回切って,正方形や正多角形,星型の4つの形を作ることにより,図形の対称性や角度,多角形の性質を扱う。また,自由な形を切る課題では,どのように折って切

るとどのような形になるのかを考えることで，図形に対する理解を深める。そもそも，「1回で切る」ということは，切りぬいた図形のそれぞれの辺が同じ長さになり，対称軸で折ると重なりあう。また，辺が重なるように折るためには，角を二等分することが必要となる。以下は，4つの課題について解説していく。

図3.4.5は，導入課題の図3.4.1のような「正方形」を1回で切りぬく方法である。

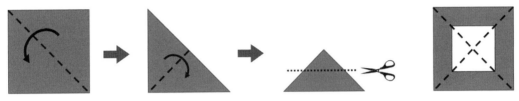

図3.4.5　導入課題「正方形」の解説

図3.4.6は，課題①の図3.4.2のような「正八角形」を1回で切りぬく方法である。正八角形は正方形の辺の数の2倍あることをヒントに導く。

図3.4.6　課題①「正八角形」の解説

図3.4.7は，課題②の図3.4.3のような「正五角形」を1回で切りぬく方法である。正五角形は，完成図を書かないと難しいため，小学生にはあらかじめ用意した図を写す形で進める。その後，折り線を工夫して1本の切り線で完成するようにする。

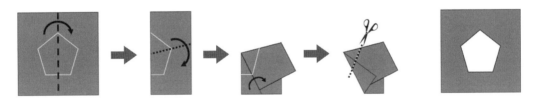

図3.4.7　課題②「正五角形」の解説

課題③の図3.4.4のような「星型」を1回で切りぬく方法については，課題②と同様に，完成形を1本の切り線で表現できるように折ることで解決する。星型の図を用意し，それを写し，1本の切り線で完成するように折り進める。

授業のねらい

- 課題に取り組む中で，図形の対称性や多角形の性質について考察している。
- 自由に形をつくる活動を通して，図形への興味を深めようとする。

第3章 小学校でのオリガミクス教材

🧭 授業の展開例

学習指導案（3コマ扱い）は，以下のとおりである。

区分	学習活動と内容	指導上の留意点・指示
【導入】 15分	・図3.4.5のように，実際に折って切るところまでを見せ，どのような形になるのかを予想する。 ・図3.4.5を行い，どのような形になったのかを考える。 ・個人で考察した後に班で共有する。	①ここでは，折り紙を配らずに頭の中で考え，折ることによってどうなるのか，辺と角の関係などを考えることを大切にする。 ②折り紙とハサミを配布し，安全に留意させた上で，活動する。 ③どのような形になったのかを説明させる。
	めあて：折り紙を1回切って様々な形をつくろう	
	・めあてを知る。	
【展開1】 55分	**課題①**：正八角形を1回で切りぬく方法について考えよう。 **課題②**：正五角形を1回で切りぬく方法について考えよう。 **課題③**：星型を1回で切りぬく方法について考えよう。	
	・課題を知る。 ・課題解決に向けてまずは個人で考え，その後グループで解き方を共有する。 ・解法を全体共有する。	④机間指導する。それぞれの課題において適切なタイミングでヒントを提示する。
【展開2】 60分	**課題**：自由に折り紙を折り1回切ることで好きな形を作り，作成方法と完成した作品からわかる図形の特徴を説明しよう。	
	・課題に個人で取り組む。 ・レポートにまとめる。 ・グループで考えを共有する。	⑤次の事項を確認し，課題を行う。 ・紙を切るときに曲線にならないようにする。 ・形を先に定めてから切ってもよい。 ・自分が作った形についてまとめ，自分の言葉で順序立てて発表することを重視する。
【まとめ】 5分	・折り紙を1回切るときに，大切なことや学んだことを個人で整理する。	⑥まとめと発展的な話題を提示する。

（学習指導案の①と②と③）

　導入では，実際に折って切る工程を見せることで，生徒の創造力を刺激する。生徒が活動した後は，実際に正方形の定義である「すべての角と辺が等しい四角形」になっているか，線対称性が保たれているか，また，2回折ることで中央の角が90°になることや，折り線の対称性に気づかせることで，図形の性質に対する理解を深めることができる。

3.4 ❹折って，切って，探究する

(学習指導案の④)

　課題については，一つひとつ提示していき，個人で考える活動を行なってからグループで考えを共有する時間をとる。また，生徒の様子に合わせて適切なヒントをそれぞれの課題で提示していく。

> 課題① 「正八角形とはどのような形か」「正方形の辺の数の何倍か」などの声かけをすることで，課題解決に向けて導く。
>
> 課題② 正五角形はヒントなしでは難しい。早い段階で，あらかじめ正五角形を切った後の形の型紙などを用意しておき写させるか，正五角形の形が印刷された紙を用意しておき配る。
>
> 　「線を合わせるように折ってみよう」などの声掛けをすることで課題解決に向けて導く。
>
> 課題③ 星型も課題②と同様に，出来上がった後の星型の型紙などを用意しておき写させるか，星型の形が印刷された紙を用意しておき配る，

　課題を解決できたら，すぐに次の課題に取り組むのではなく，「なぜ，その形になったのか」「完成した形から気付くことはないか」など考えさせる。

(学習指導案の⑤)

　自由に折り紙を折り1回切ることで好きな形を作る活動を行い，図形への興味を深める。また，出来上がった作品について，「作成方法」と「完成した作品から分かる図形の特徴」を説明できるようにする。グループで誤りがないかを確認し，自分でレポートにまとめる。

(学習指導案の⑥)

　切り絵アートや，雪の結晶や花弁の幾何学模様を紹介することで，数学と他の分野のつながりを実感させる。

● **引用・参考文献**

文部科学省 (2017) 小学校学習指導要領 (平成29年告示) 解説算数編

山口榮一 (2014)『切りがみで学ぶ図形パズル』株式会社ディスカヴァー・トゥエンティワン

(徳永凱)

3.5 ❺折ることと面積の関係を考察しよう

本節の概要

　本節では,「折り紙を折って,面積が半分のさまざまな形をつくろう」というテーマに基づき,長方形,平行四辺形,正方形,台形の4つの形を作る課題と,自由に折って独自の形をつくり,面積を考察する活動を紹介する。これにより,図形を構成する要素や,面積が等しい図形を発見する力を養う。これらの活動は,小学校第5学年の「三角形,平行四辺形,台形,ひし形の面積」の単元と関連している。

教材とSTEAM教育の対応

　本教材は数学だけでなく,芸術,技術,工学とも関連している。折り紙を折ることで,面積や形状の関係を探究し,図形を構成する要素に着目する力を養う(M)。また,自由に形を作る活動を通して,美しい図形と面積の関係を考える(A)。さらに,最後には大きな紙を小さく収納できるミウラ折りを紹介し,折り紙の技術が宇宙開発や医療分野にも応用されていることを示すことで,折り紙が様々な分野で活躍していることを実感させる(T, E)。

折り方の説明

- 折り紙(1辺16cmの正方形用紙)を用意する。

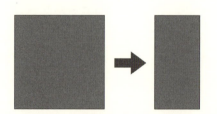

図3.5.1　課題①「半分の長方形」

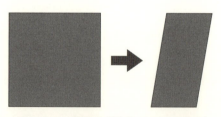

図3.5.2　課題②「半分の平行四辺形」

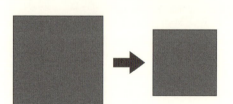

図3.5.3　課題③「半分の正方形」

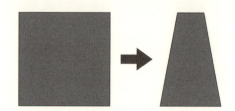

図3.5.4　課題④「半分の台形」

教材の数学的な扱い

　本教材では,折り紙を折る回数などの条件のもとで,面積が半分となる長方形,平行四辺形,正方形,台形を作る活動を行う。これにより,図形を構成する要素や面積が等しい図形を扱い,数学的理解を深めることが目的である。以下は,4つの課題を解説していく。

3.5 ❺折ることと面積の関係を考察しよう

　課題①「折り紙を2回折って,もとの折り紙の半分の面積の長方形をつくる」について考える。図3.5.5のように,○印と×印の部分はそれぞれ同じ面積であるため,できた長方形はもとの折り紙の半分の面積になる。

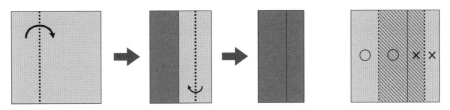

図3.5.5　課題①「半分の面積の長方形」の解説

　課題②「折り紙を折って,もとの折り紙の半分の面積の平行四辺形をつくる」について考える。図3.5.6のように,同じ面積の三角形（○印）が4つでき,平行四辺形はこの三角形2つ分であるため,もとの半分の面積になる。

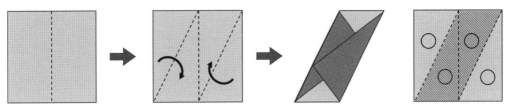

図3.5.6　課題②「半分の平行四辺形」の解説

　課題③「折り紙を折って,もとの折り紙の半分の面積の正方形をつくる」について考える。図3.5.7のように,同じ面積の三角形（○印）が8つでき,正方形はこの三角形4つ分であるため,もとの半分の面積になる。

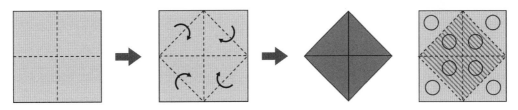

図3.5.7　課題③「半分の正方形」の解説

　課題④「折り紙を折って,もとの折り紙の半分の面積の台形をつくる」について考える。図3.5.8のように,○印と×印の部分はそれぞれ同じ面積で,台形の○と×の数は正方形の半分であるため,もとの半分の面積になる。

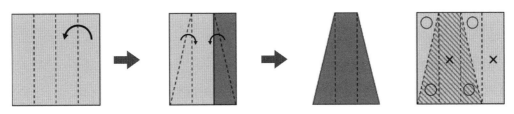

図3.5.8　課題③「半分の台形」の解説

第3章 小学校でのオリガミクス教材

🔹 授業のねらい

- 課題に取り組む中で，図形を構成する要素や面積が等しい図形について考察している。
- 自由に形を折る活動を通して，図形やその面積について興味を深めようとする。

🔹 授業の展開例

学習指導案（3コマ扱い）は，以下のとおりである。

区分	学習活動と内容	指導上の留意点・指示
【導入】 15分	・折り紙を1回折って，半分の面積にする方法を考える。 「辺と辺を合わせるように折って長方形をつくる」「角と角を合わせるように折って三角形をつくる」	①折り紙を配布する。
	・長さを測り，面積を求めることで半分の面積になっていることを数字で考えさせる。	②折り紙を折ることによって，面積が変化していくことを感覚的な理解から，数学的に考えられるように指示する。
	・長さを測る以外の方法で，なぜ，半分の面積になっているのか説明をする。	③折ることで折り目によって図形を構成する要素ができることを確認する。
	めあて：折り紙を折って，面積が半分のさまざまな形をつくろう	
	・めあてを知る。	
【展開1】 55分	課題①：折り紙を2回折って，もとの折り紙の半分の面積の長方形をつくろう 課題②：折り紙を折って，もとの折り紙の半分の面積の平行四辺形をつくる 課題③：折り紙を折って，もとの折り紙の半分の面積の正方形をつくる 課題④：折り紙を折って，もとの折り紙の半分の面積の台形をつくる	
	・課題を知る。 ・課題解決に向けてまずは個人で考え，その後グループで考えとその理由を共有する。 ・考え方とその理由を全体共有する。	④机間指導をし，適切なタイミングでヒントを出す。 ⑤なぜ面積が半分になっているのかを長さを測らずに説明できるようにさせる。
【展開2】 60分	課題：自由に折り紙を折り，作成した形の面積を考えよう	
	・課題に個人で取り組む。 ・レポートにまとめる。 ・グループで考えを共有する。	⑥課題に取り組む前に，「課題③」を繰り返し行うとどうなるのかと問いかけ，面積の変化に規則性があることを意識させる。
【まとめ】 5分	・折り紙を折ることと面積の関係で大切なことや学んだことを個人で整理する。	⑦まとめと発展的な話題を提示する。

（学習指導案の①と②と③）

　導入では，簡単な課題「折り紙を1回折って，半分の面積にしよう」を行う。このとき，感覚的な理解から数学的に考えられるようにすることが大切である。なぜ，半分の面積になっている

のかを考える際，まずは長さを測ってから面積を求め説明できるようにする。その後，長さを測らずに半分の面積になっているのかを考え，折り目によって図形を構成する要素があることを確認する。

(学習指導案の④と⑤)

　課題については，一つひとつ提示していき，個人で考える活動を行なってからグループで考えを共有する時間をとる。また，生徒の様子に合わせて適切なヒントをそれぞれの課題で提示していく。

- **課題①** 1回ではなく，2回折るという条件があることに注意する。
- **課題②** 平行四辺形の形がどのような形かを復習する。折り紙を半分に折って，折り目をつけることをヒントにする。
- **課題③** 辺と辺を合わせるように2回折ると正方形で辺の長さは半分になるが，面積は $\frac{1}{4}$ となる。これは中学校第3学年で学習する「面積比」と関連する。この折り目をつけることをヒントにする。
- **課題④** 台形の形がどのような形かを復習する。折り紙を縦に2回折ってから開くと4等分の長方形ができることをヒントにする。

(学習指導案の⑥)

　自由に折る課題に取り組む前に，課題③を繰り返し行うとどうなるのかを考え，実際に折らせてみる。図3.5.9のように面積が規則的に変化していくことがわかる。折ることによる大きさの規則性に目を向けながら自由に作品を作る活動を行う。出来上がった作品の面積を，長さを測ってから計算で求める方法と構成要素から考える2つの方法で説明できるようにする。

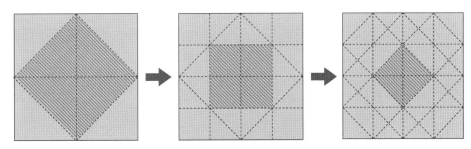

図3.5.9　課題③を3回繰り返す

(学習指導案の⑦)

　大きな紙を小さく収納できるミウラ折りを紹介し，折り紙の技術が宇宙開発や医療分野にも応用されていることを示すことで，数学と他の分野のつながりを実感させる。

●引用・参考文献

文部科学省(2017)小学校学習指導要領(平成29年告示)解説算数編
山口榮一(2008)「おりがみで学ぶ図形パズル」株式会社ディスカヴァー・トゥエンティワン

(徳永凱)

3.6 ❻折り線を加えて異なる作品をつくろう

🔷 本節の概要

本節では，折り紙の代表的な作品である「やっこ」から「いす」を作り，さらに「いす」から飲料缶に利用されている「ダイヤカット」を製作する活動を紹介する。この活動は，小学校第5学年で学習する「合同な図形」の単元と関連しており，設計図内の図形を観察・作図したりする力を育むことを目的としている。

資料箱

🔷 教材とSTEAM教育の対応

本教材では，伝統的な折り紙作品（やっこ，いす）の設計図や完成品を観察し，それを合同な図形や図形の対称性などの数学的な視点から分析する (S, M)。その分析に基づいて，設計図内に必要な折り線を加え，科学技術を応用した折り紙作品（ダイヤカット）を製作する (E, T)。さらに，ダイヤカットの図形やその性質を探究する (S, M)。

🔷 折り方の説明

- 正方形用紙を用意する。以降では，1辺の長さが 16cm のものを扱う。
- 図 3.6.1 は，折り紙作品の折り方を示したものである。
- 「やっこ」の折り方は，QRコード（URL）から動画を視聴すること。

折り方動画
https://youtu.be/
BpVy87HDP-Q

折り紙作品の折り方

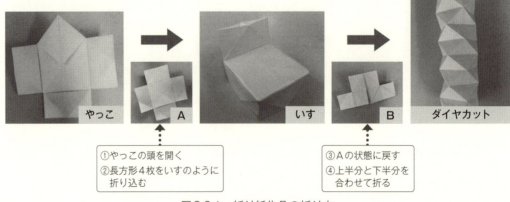

図3.6.1 折り紙作品の折り方

🔷 教材の数学的な扱い

一度製作した「やっこ」の紙を広げると，図3.6.2の左部に示されているように，面積が最小の合同な直角二等辺三角形が12個ある。この「やっこ」の顔部分を長方形に折り，4つの長方形

の接合部分を折ることで「いす」を製作する。

紙を広げると，図3.6.2の中部に示すように，縦方向に6本の線分，横方向に5本の線分が追加されており，面積が最小の直角二等辺三角形の個数は一気に96個に増加する。

さらに，面積が最小の直角二等辺三角形で設計図内を埋め尽くすために，図3.6.2の右部に示すように縦方向に1本の線分，横方向に1本の線分を追加する。これにより，面積が最小の直角二等辺三角形の個数は128個になる。この設計図に山折りと谷折りを組み合わせて，筒状に丸めることで，図3.6.1に示されている「ダイヤカット」を製作できる。

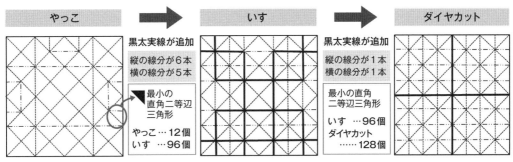

図3.6.2 折り紙作品の設計図内に見られる図形

ダイヤカットの設計図を観察すると，様々な図形やその性質を見つけることができる。例えば，図3.6.3の左部に示されている三角形，垂直，平行，線対称などが挙げられる。

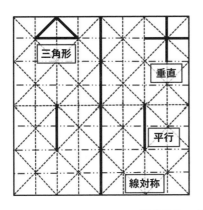 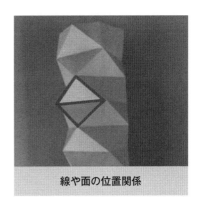

図3.6.3 ダイヤカットの観察

また，完成品では，空間における図形の性質を調べることができる。例えば，図3.6.3の右部に示されているように，2つの面が交わり共有する線分が1本あることや，1つの線分上にない3点を含む面が1つに決定することなどが挙げられる。このような活動は，中学校数学における図形学習の基礎を築く上でも重要である。

授業のねらい

- 折り紙作品の観察や作図を通じて，図形やその性質を見出すことができる。

第**3**章　小学校でのオリガミクス教材

授業の展開例

学習指導案（2コマ扱い）は，以下のとおりである。

区分	学習活動と内容	指導上の留意点・指示
【導入】 15分	・「やっこ」の折り方を動画で視聴しながら，製作する。	①正方形用紙を配布し，「やっこ」を製作させる。
【展開1】 20分	**課題①：** やっこの設計図には，合同な直角二等辺三角形が何個あるでしょうか。	
	・面積が最小の合同な直角二等辺三角形が12個あることを確認する。	②「やっこ」の紙を開かせ，面積が最小の直角二等辺三角形が存在することを確認させる。次に，この直角二等辺三角形と合同な三角形の総数を求めさせる。
	・「いす」を開き，縦方向に6本，横方向に5本の線分が追加されたことを確認する。	③「やっこ」を使って，図3.6.1のように「いす」を製作させる。再び紙を開かせ，設計図の中に折り線がどこにあるかを調べさせる。
	・面積が最小の合同な直角二等辺三角形が96個あることを確認する。	④課題②に取り組ませる。
【展開2】 20分	**課題②：** いすの設計図には，合同な直角二等辺三角形が何個あるでしょうか。	
	・「ダイヤカット」を製作し，それが飲料缶などに応用されていることを知る。	⑤「いす」を使って，図3.6.1のように「ダイヤカット」を製作させて，課題③に取り組ませる。
【展開3】 30分	**課題③：** ダイヤカットにある図形やきまりを探してみましょう。	
	・三角形や四角形といった基本的な図形，平行や垂直，線対称，合同などの性質を見つける。	⑥ペア・グループ活動を行い，見つけた図形や性質を確認し，その後全体共有させる。
【まとめ】 5分	・見つけた図形やその性質をまとめる。	⑦見つけた図形やその性質を整理させる。

（学習指導案の②と④）

　「やっこ」では，合同な直角二等辺三角形が存在することを確認する際に，紙を折ったり，紙同士を重ね合わせたりして，合同であることを視覚的に確かめさせる。また，直角二等辺三角形の辺の長さや角度を測定し，面積を計算させることで，「面積が最小である」という意味を明確に理解させる（図3.6.4参照）。

　「いす」では，面積が最小の合同な直角二等辺三角形の個数が96個に増加する。1つずつ数え上げることもできるが，時間と手間がかかる。活動状況を鑑みて「どのようにすれば効率的に求められそうですか」などと問いかけて，数え方を工夫させるとよい。

3.6 ❻折り線を加えて異なる作品をつくろう

まず、1辺の長さは2cm, 2cm, 2.8cmでした。
次に、角度は45°, 45°, 90°でした。
よって、この直角二等辺三角形の面積は、2cm²でした。

図3.6.4 直角二等辺三角形の説明

（学習指導案の⑤と⑥）

「いす」から「ダイヤカット」を製作する際には、追加できる線分は2本までと制約を設け、その中で試行錯誤させる。ペアやグループで活動させることで、図3.6.5の左部に示すように「いす」と「ダイヤカット」の設計図を比較し、必要な折り線を見つけやすくする。また、図3.6.5の中部に示すように、製作過程で互いに確認し合いながら進めさせるとよい。

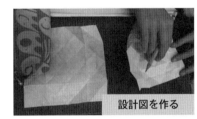
設計図を作る

確かめ合う

折って立体化

図3.6.5 ダイヤカットの製作と分析

図3.6.5の右部に示すように、「ダイヤカット」の設計図から立体化するには、山折り線と谷折り線を組み合わせて折る必要があり、ここが難しい部分である。実物や写真を提示し、それを模倣しながら製作させるとよい。完成後は、点・線・面を手で触わらせながら、どんな図形や性質があるかを調べさせ、それらを記述・言語化する活動に導くとよい。

●引用・参考文献

葛城元・黒田恭史（2018）「小学校算数科の図形領域における折り紙の教育実践 ―伝承文化を取り入れた連続折りの活動を通して」京都教育大学教育実践研究紀要, 18, pp.53-62

（葛城元）

第4章

中学校での
オリガミクス教材

第4章 中学校でのオリガミクス教材

4.1 ❼折り紙の $\frac{1}{4}$, $\frac{1}{5}$ の正方形を折ることでできた折り線や点について探究しよう

本節の概要

折り紙の $\frac{1}{4}$ の面積となる正方形（以下，「$\frac{1}{4}$ の正方形」と記載）の折り方について考えることを起点とし，折り紙の $\frac{1}{5}$ の面積となる正方形（以下，「$\frac{1}{5}$ の正方形」と記載）を作製することでできた折り線や点について探究する。折り紙を折ることでできた折り線や点についての数学的な性質を，中学2年生で学習する図形の性質や証明，1次関数を用いて表現したり課題解決したりすることで生徒たちの数学的な見方・考え方を広げる。

教材とSTEAM教育の対応

「$\frac{1}{4}$ の正方形」は，『折り紙を半分に折ることで長方形を作製した後，その長方形の長辺の長さを半分になるように折る』ことで作製できる。また，上記の折り方以外の多様な折り方でも「$\frac{1}{4}$ の正方形」を作製できる。それらの折り方でできた折り線や点に注目すると，平面幾何学や解析幾何学の学習として扱うことが可能である (S, M)。

折り方の説明

ここでは，「$\frac{1}{5}$ の正方形」の折り方について紹介する。図4.1.1の①のように，AG, EC, DF, HBの4本の折り線をあらかじめつけておく。その後，①の状態から，4本の折り線にしたがって ② ⇒ ③ ⇒ ④ ⇒ ⑤ のように折ると，「$\frac{1}{5}$ の正方形」が作製できる。

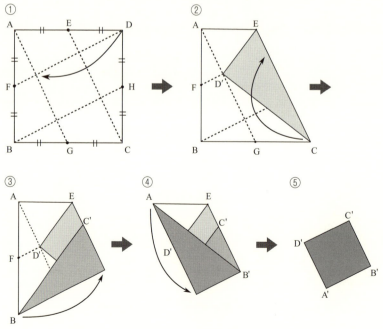

図4.1.1 「$\frac{1}{5}$ の正方形」の折り方

4.1 ❼ 折り紙の $\frac{1}{4}$, $\frac{1}{5}$ の正方形を折ることでできた折り線や点について探究しよう

教材の数学的な扱い

本教材では，図4.1.1の①の4本の折り線を折ることで，「$\frac{1}{5}$ の正方形」が作製できる理由を考え，その理由を数学的見方・考え方で解き明かす活動を大切にしたい。

平面幾何学を活用して解決するためには，中学校数学科における図形学習への理解が必要となる。例えば，2本の折り線が垂直に交わることを説明するためには，折り線を対称軸とした線対称な図形であることや二等辺三角形の底辺の二等分線と底辺の垂線は一致することなどを活用する。また，折ってできた正方形が折り紙の $\frac{1}{5}$ の面積であることを説明するためには，図4.1.2のように補助線を引き，△AEIと△DEJなどの合同な直角三角形（直角三角形の斜辺と1つの鋭角がそれぞれ等しい）を見つけて証明することで解決することができる。

一方，解析幾何学を活用して解決するためには，折り紙を xy 座標平面とみなし，折り紙を折ることでできた折り線や点を，直線の式や座標に表現する必要がある。折り紙に xy 座標平面が導入されることによって，図4.1.3のように折り線の交点の座標が求められるため，「$\frac{1}{5}$ の正方形」であることの説明が生徒にとっては容易に感じられるだろう。また，さらに探究する数学的な視点として，折り線（直線）の式の傾きから「垂直に交わる2直線の直交条件」や，ある2点の座標の「中点の座標の求め方」について検討する活動も考えられる。

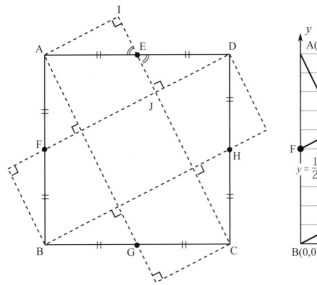 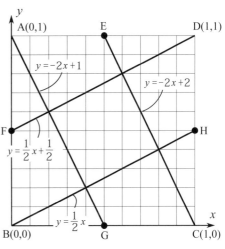

図4.1.2　折り紙の $\frac{1}{5}$ の面積であることの説明図　　図4.1.3　折り紙と xy 座標平面

授業のねらい

「$\frac{1}{4}$ の正方形」や「$\frac{1}{5}$ の正方形」を折ることでできた折り線や点の数学的な性質について，数学的表現で説明することができるようになる。

折り紙を xy 座標平面とみなし，折り紙を折ることでできた折り線や点を，式や座標に表現することができるようになる。

授業の展開例

学習指導案（2コマ扱い）は，以下のとおりである。

区分	学習活動と内容	指導上の留意点・指示
【導入】 10分	・「$\frac{1}{4}$の正方形」の折り方を個人で考える。 ・ペアやグループで折り方を共有する。	①「$\frac{1}{4}$の正方形」の折り方は，複数の方法が考えられるため，生徒に複数枚の折り紙を渡し，実際に折らせる。
	課題①：折り紙の$\frac{1}{4}$の面積となる正方形を作製することでできた折り線や点に注目すると，どのような数学的な見方・考え方ができるだろう。	
【展開1】 30分	・折り線や点に注目し，数学的な見方・考え方について個人でまとめる。 ・まとめたことを学級全体で共有する。	②既習の数学的表現でまとめることを指示する。
	（予想される生徒の意見） ●折り線を対称の軸として図形が対称移動している。 ●合同な直角二等辺三角形や正方形がたくさんできる。 ●折るときに重ねた点と点の垂直二等分線が，折り線となっている。 ●（今回の）折り線はすべて直線である。	
	折り紙の$\frac{1}{5}$の面積となる正方形を作製することはできないだろうか。	
【展開2】 15分	・「$\frac{1}{5}$の正方形」の折り方をペアやグループで考える。 ・「$\frac{1}{5}$の正方形」の「完成品」の折り方を知る。	③「$\frac{1}{4}$の正方形」から発展させた話題を提示する。 ④「$\frac{1}{5}$の正方形」の「完成品」を提示し，生徒が作製した物と比較させる。（折り方を考える時間と，「完成品」の折り方を分析する時間を設ける。）
	折り紙の$\frac{1}{5}$の面積となる正方形を作製することでできた折り線や点に注目すると，どのような数学的な見方・考え方ができるだろう。	
	・「完成品」の折り方でできた折り線や点に注目し，数学的な見方・考え方について個人でまとめる。 ・まとめたことを学級全体で共有する。	⑤机間指導を通して，より発展的な考えをしている生徒や，疑問を感じている生徒を見つける。
	課題②：「完成品」の折り方でできた正方形が，折り紙の$\frac{1}{5}$の面積となる正方形であることを数学的に説明してみよう。	
【展開3】 40分	・折り線が平行，垂直に交わることや，折り紙をxy座標平面とみなすことで折り線を式で表現することを知り，「$\frac{1}{5}$の正方形」である数学的根拠をペアやグループで考える。	⑥机間指導を通して，平面幾何学や解析幾何学での数学的な見方・考え方ができるように声掛けを行う。また，多様な解法が交流できるようにマッチングさせる。
【まとめ】 5分	・課題①と課題②を通してわかった折り紙の数学的性質についてまとめる。	

（学習指導案の①）

導入では，折り紙を実際に折る操作活動を設定し，「$\frac{1}{4}$の正方形」の折り方を考えさせる。なぜなら，正方形を作製することが本授業の目的ではなく，折り紙を折ることでできた折り線や点に注目することが本授業の目的につながるからである。

（学習指導案の②と④と⑤）

折り紙を折ることでできた折り線や点の数学的な性質について考える場面では，既習の数学的表現を使ってまとめさせる。生徒は図形領域で学習した数学的表現を使ってまとめるだろう。しかし，本教材では折り線が直線であることから，関数領域を関連付ける生徒が出てくるかもしれない。机間指導で生徒の気づきや発見を大切にし，学級全体での共有や，グループでの共有を通して，生徒の数学的な見方を広げることができるようにしたい。

（学習指導案の⑥）

平面幾何学を活用して解決しようとする生徒達や，解析幾何学を活用して解決しようとする生徒がいる。特に後者の生徒には，折り線（直線）の式の傾きから「垂直に交わる2直線の直交条件」や，ある2点の座標の「中点の座標の求め方」の規則を発見することができるように授業者は声掛けをしたい。

●引用・参考文献

黒田恭史（2013）「中等教育におけるオリガミクスを活用した平面幾何教育のあり方について」数学教育学会誌，54（3・4），pp.135-144

芳賀和夫（1996）『オリガミクスによる数学授業』明治図書出版，pp.7-8

渡部勝（2000）『折る紙の数学 —辺の1/7，面積1/7はどう折るのか』講談社，pp.37-47，84-87

（島橋尚吾）

第4章 中学校でのオリガミクス教材

4.2 ❽折り紙の1辺の三等分点の折り方について探究しよう

本節の概要

「芳賀の第1定理折り」の折り方で，折り紙の1辺の三等分点で見つけることができる理由を，平面幾何学ではなく解析幾何学（中学2年生で学習する図形の性質と証明，1次関数）を活用して説明する活動を行う。また，「芳賀の第1定理折り」の折り方を発展的な探究課題として設定し，生徒が試行錯誤する過程を通して，生徒の数学的な見方・考え方を広げる。

教材とSTEAM教育の対応

折り紙をきれいに三つ折りにする際に，「芳賀の第1定理折り」の折り方を利用すれば定規などは不要である（E）。解析幾何学を活用することで，A4用紙などの折り紙とは異なる場合を，数学的な視点から解決できるようになる（S, M）。

折り方の説明

ここでは，「芳賀の第1定理折り」の折り方について紹介する（図4.2.1）。折り紙の頂点A, Bに頂点C, Dがそれぞれ重なるように折ると，辺ADの中点Eが得られる（①⇒②）。次に，中点Eに頂点Cが重なるように折ったとき，辺ABと辺BCの交点Fが得られる（②⇒③）。この交点Fは辺ABを三等分する点となる（④）。

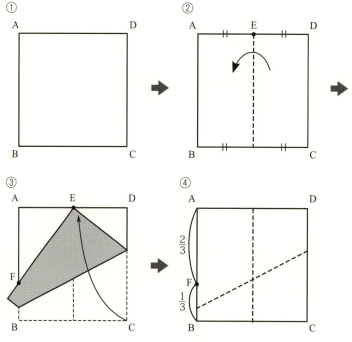

図4.2.1 「芳賀の第1定理折り」の折り方

4.2 ❽折り紙の1辺の三等分点の折り方について探究しよう

🧭 教材の数学的な扱い

本教材では，図4.2.2の点FがABの三等分点であることを，解析幾何学を活用して説明する活動を大切にしたい。その説明をするためには，以下の①〜⑦の順で考えるとよい。

① 直線ECの傾きを求める。　　　　　　　　　　　　　　【直線ECの傾きは-2】

② 直線ECの中点Gの座標を求める。　　　　　　　　　　【$G(\frac{3}{4}, \frac{1}{2})$】

③ 折り線GHと直線ECが直交しているため，折り線GHの傾きが求まる。また，直線ECの中点Gの座標がわかっていることから，折り線GHの直線の式を求める。

【直線GHの式は$y = \frac{1}{2}x + \frac{1}{8}$】

④ 折り線GHとCDの交点Hの座標を求める。　　　　　　　【$H(1, \frac{5}{8})$】

⑤ 交点Hの座標および，ADの中点Eの座標から直線EHの式を求める。

【直線EHの式は$y = -\frac{3}{4}x + \frac{11}{8}$】

⑥ 直線EHと直線EFが直交しているため，直線EFの傾きが求まる。　　【直線EFの傾きは$\frac{4}{3}$】

⑦ 直線EFの傾きおよび，ADの中点Eの座標から直線EFの式を求める。

【直線EFの式は$y = \frac{4}{3}x + \frac{1}{3}$】

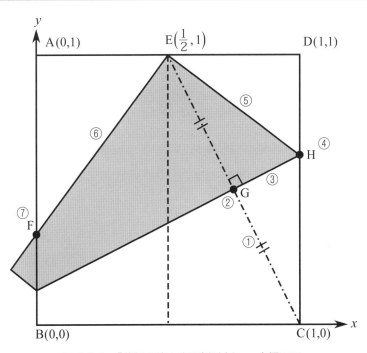

図4.2.2 「芳賀の第1定理折り」とxy座標平面

「芳賀の第1定理折り」では，図4.2.2のように中点Eと頂点Cを重ねて折ることで，三等分点Fを見つけた。さらに発展的な考え方として，図4.2.3のように三等分点Pと折り紙の頂点を重ねて折ることで，点Qについての探究課題などが考えられる。表4.2.1は，点P, Qの関係性についてまとめた表である。点Pが中点（$\frac{1}{2}$）のとき，点Qは三等分点（$\frac{1}{3}$）であり，点Pが三等分点（$\frac{1}{3}$）のとき，点Qは五等分点（$\frac{1}{5}$）などである。

第4章 中学校でのオリガミクス教材

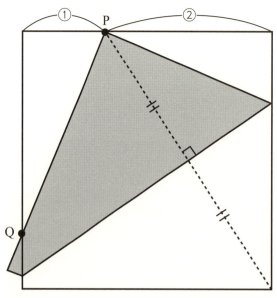

表4.2.1 点P, Qの関係性

点P	$\frac{1}{2}$	$\frac{1}{3}$	$\frac{1}{4}$	$\frac{1}{5}$	…
点Q	$\frac{1}{3}$	$\frac{1}{5}$	$\frac{1}{7}$	$\frac{1}{9}$	…

図4.2.3 「芳賀の第1定理折り」の発展的な考え方

🔷 授業のねらい

折り紙を xy 座標平面とみなし，折り紙を折ることでできた折り線や点を，式や座標に表現することで，「芳賀の第1定理折り」によってできた折り紙の1辺の三等分点を説明することができる。

🔷 授業の展開例

学習指導案（2コマ扱い）は，以下のとおりである。

区分	学習活動と内容	指導上の留意点・指示
【導入】 10分	・「芳賀の第1定理折り」の折り方を知り，実際に折り紙を使って実践する。 ・「芳賀の第1定理折り」によってできた点が三等分点であることを確かめる。	①折り方を実演し，生徒が折り紙で実践することができるようにする。
	課題①：折り紙を xy 座標平面とみなし，関数的な見方・考え方で，できた点が三等分点であることを説明しよう。	
【展開1】 50分	・折り紙を xy 座標平面とみなし，点の座標を基に，折り線の式を求める。 ・ペアやグループで関数的な見方・考え方を共有する。 ・共有したことを学級全体でまとめる。	②折り線の式を求める上で必要な補助線を考えることができるよう，授業者はペアやグループに対して支援する。
	折り紙で四等分点や五等分点を見つけることができないだろうか。	
	・課題①で得られた三等分点を活用して五等分点について考える。 ・考えたことを学級全体で共有する。	③課題①とは異なる折り方を模索させるのではなく，「芳賀の第1定理折り」の折り方を基礎として発展させた考え方を大切する。（図4.2.3参照）

【展開2】 30分	課題②：課題①でできた三等分点を使って課題①と同様の折り方をすると，五等分点などができないだろうか。	
	・課題1での内容を活用し，グループで協力や分担し，課題2に取り組む。 ・得られた結果をグループで共有する。	④課題①では折り紙の1つの頂点を1辺の中点に重ねて折ったが，課題2では1つの頂点を三等分点など他の点に重ねて折らせ，変化を調べさせる。(表4.2.1参照)
【まとめ】 10分	・課題①，②で得られた結果を整理する。 ・A4用紙などの折り紙とは異なる場合に今回の解法が適用できるかを検討する。折り方を実演し，生徒が折り紙で実践することができるようにする。	⑤まとめと発展的な話題を提示する。

(学習指導案の①と⑤)

　A4用紙を三等分に折り，長形3号の封筒に入れた経験はあるだろうか。本教材のまとめでは，折り紙以外の用紙であれば，どのように折ることで三等分点を見つけることができるのかを考えさせたい。日常の場面における疑問や課題を，数学的な視点から解決を試みる生徒を育みたい。ちなみに，A4用紙であれば，図4.2.4のように折ると，A4用紙の長辺かつ短辺の三等分点Fを見つけることができる。

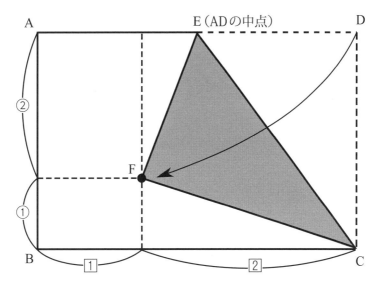

図4.2.4　A4用紙で三等分点を見つける折り方

(学習指導案の②)

　図4.2.2のように，点A,B,C,D,Eの座標はそれぞれ設定できるが，折り線GHの式を求めることに対して難しさを感じる生徒が多いだろう。そのため，線分ECに補助線を引いている生徒を授業者は机間指導することで発見したい。なぜ補助線ECを引いたのか，折り線GHが引いた補助線ECの垂直二等分線であることなどを，ペアやグループを活用し，生徒同士で共有できるように授業者が支援したい。

（学習指導案の③と④）

　課題1と同様の解法で，課題2を解決することができるが，図4.2.3から求まる直線の式や点の座標は分母の数が大きい分数となり，計算に時間を要する生徒が多いと予想される。そのため，課題1の解法の一部をロードマップとして授業者が示すことで，生徒は課題解決の見通しを持って取り組むことができるようになる。また，生徒の思考過程をノートやプリントへ丁寧に記録させることで，生徒は自分の間違いを発見し，修正することができるようになる。

● 引用・参考文献

トーマス・ハル（2015）『ドクター・ハルの折り紙数学教室』日本評論社

西村徳寿（2014）「中学校における解析幾何的視点を考慮した指導に関する研究」全国数学教育学会誌，20（2），pp.209-217

芳賀和夫（1996）『オリガミクスによる数学授業』明治図書出版，pp.24-32，43-48

渡部勝（2000）『折る紙の数学 —辺の1/7，面積1/7はどう折るのか』講談社，pp.62-68

（島橋尚吾）

4.3 ❾折り鶴に潜む図形の性質を見つけよう

🔷 本節の概要

折り紙の代表的な作品である「折り鶴」は，紙を開くと三角形の合同や内心といった図形的な要素が多く含まれている。本節では，中学校第2学年で学習する図形の性質と証明をもとに，折り鶴の特徴を考察する授業例を紹介する。

資料箱

🔷 教材とSTEAM教育の対応

本教材では，折り鶴に潜む特徴について図形の内容を用いて分析する（M）。その分析に基づき，長方形用紙に必要な折り線を加え，折り鶴を製作する（T）。そして，長方形折り鶴の紙を開き，正方形折り鶴での数学的結果と照合し，共通点や相違点について考察する（S）。この過程では，折り線や完成品の美しさといったアートの要素にも着目できる（A）。

🔷 折り方の説明

- 正方形折り鶴は，図4.3.1に示される手順で製作する。
- 長方形折り鶴の折り線は，図4.3.5に示している（【資料箱】に折り方の説明あり）。

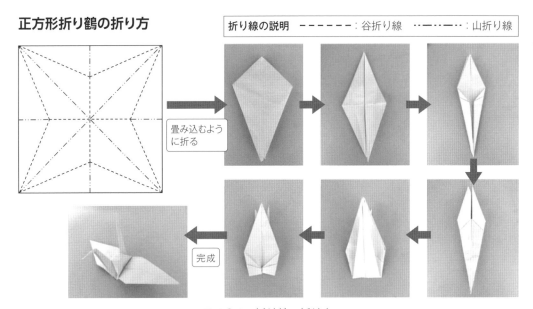

図4.3.1 折り鶴の折り方

🔷 教材の数学的な扱い

基本的な折り鶴の数学的分析を取り上げる。図4.3.2は正方形用紙で折り鶴を折り，再び紙を広げた際に表れる主要な折り線と記号を示したものである。この図の折り線から，次のような定理を導くことができる。

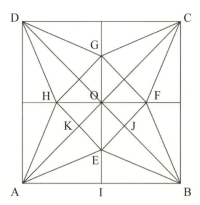

図4.3.2　正方形折り鶴の主要な折り線と記号

定理1は，△OABの部分を平らに折りたたむことが可能であることを示している。定理2は，折り鶴の翼の部分がぴったり重なることを示している。定理3は，折り鶴の製作過程で，折り線が一直線になることを保証している。

- 定理1　点Eは△OABの内心となる。
  - ▶証明　点Iと点Kは重なることから，線分AEは∠OABの二等分線となる。同様に，線分BEは∠OBAの二等分線となる。また，線分OEは∠AOBの二等分線である。よって，点Eは△OABの各頂点の二等分線の交点となるので，点Eは△OABの内心となる。
- 定理2　△AIE≡△AKE
  - ▶証明　△AIEと△AKEにおいて，AE＝AEである。紙の折り方により，∠EAI＝EAKである。同様に，紙の折り方により，AI＝AKである。よって，2辺とその間の角がそれぞれ等しいので，△AIE≡△AKEとなる。
- 定理3　3点E, J, Fは同一直線上にある。
  - ▶証明　（証明略）

折り鶴は，図4.3.3のように長方形用紙からも製作できる（図4.3.5も参照）。長方形折り鶴の場合，両翼は大きく左右に張り出さず控えめであり，左右非対称となる。上下方向はそのままであるが，左右方向の折り線は拡大している。さらに，各内心を結ぶ線同士は離れており，各内接円の半径も異なる。また，定理1と定理2は正方形と長方形のいずれでも成り立つが，定理3は正方形の場合にのみ成り立つ。

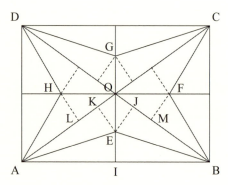

図4.3.3　長方形折り鶴とその主要な折り線および記号

4.3 ❾折り鶴に潜む図形の性質を見つけよう

🔷 授業のねらい

折り鶴の製作，観察，実験を通じて，図形の性質を分析し，その正しさを論理的に説明できるようになる。

🔷 授業の展開例

学習指導案（2コマ扱い）は，以下のとおりである。

区分	学習活動と内容	指導上の留意点・指示
【導入】 10分	・折り鶴を製作する。 ・図4.3.2には，線や角が含まれていることを確認する。	①正方形用紙を配布し，折り鶴を製作させる。従来の折り方とは異なり，図4.3.1に示すように，必要な折り線を付けて折るように指示する。 ②製作した折り鶴の紙を開き，図形の存在に気付かせた上で，本課題を提示する。折り線が複雑なため，以降では，図4.3.2の主要な折り線に焦点を当てることを説明する。
【展開1】 50分	**課題：折り鶴に潜む図形の性質を分析しよう。**	
	・折り鶴の観察や紙を折る実験を通じて，図形やその性質を見つける。ペアやグループで合っているかを確認する。 ・折り鶴やその折り方を確認しつつ，各定理が成り立つことを証明する。	③ペアやグループで課題に取り組ませ，見つけた図形の特徴を共有させる。 ④以下の3つの定理を提示し，これらが成り立つことを証明させる。 定理1　点Eは△OABの内心となる。 定理2　△AIE≡△AKE 定理3　3点E,J,Fは同一直線上にある。
【展開2】 30分	・長方形用紙に必要な折り線をつけ，長方形折り鶴を製作する。 ・長方形折り鶴を開いて観察し，定理1〜3が成り立つかを確認する。	⑤長方形用紙を配布し，図4.3.5のように折り線をつけて完成させる。折り方は正方形のときと同様である。 ⑥定理1〜定理3が成り立つかを確認させる。
【まとめ】 10分	・定理1,2はいずれも成り立ち，定理3は正方形のみ成り立つことが分かる。	⑦正方形と長方形の折り鶴の共通点や相違点をまとめさせる。

（学習指導案の③と④）

図4.3.2で見つけられる図形やその性質として，例えば，斜めの線分BDを対称軸とするときに左右対称になることが挙げられる。また，頂点B,Dには角度を4等分する折り線が，頂点A,Cには角度を8等分する折り線があることも確認できる。まずは，基本的な性質を生徒に見つけさせ，実際に紙を折って確認させるとよい。

これらの活動を通じて，図4.3.2の見方を理解させた後，指導者が定理1〜3を提示し，それらが成り立つことを生徒に証明させる。定理1では，図4.3.4の右部のように紙を折ることで，点K,I,Jが重なる様子を観察できる。さらに，図4.3.4の左部のように紙を少し開くと，線分EA,EB,EOが，

それぞれ△OABの内角の二等分線になることや，KA＝IA，JB＝IBとなることも確認できる。これにより，点Eが△OABの内心であり，EI，EJ，EKが内接円の半径であることを把握しやすくなる。

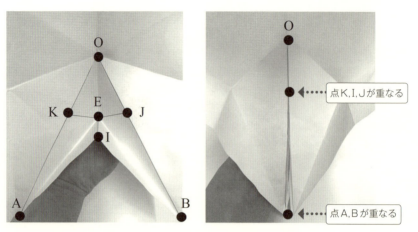

図4.3.4　折ることによる定理1の確認

(学習指導案の⑤と⑥)

　図4.3.5は，長方形折り鶴を製作するために必要な折り線を示したものである。生徒に取り組ませる際には，あらかじめ製作した正方形折り鶴を参照させながら進めると効果的である。

　さらに，長方形折り鶴においても，定理1～3が成り立つかを，図4.3.3の右部をもとに確認させる。ここでは，折り線や形状がどのように変化したのかをじっくり観察させながら取り組ませることで，折り鶴や定理に対する理解を深められるようにする。

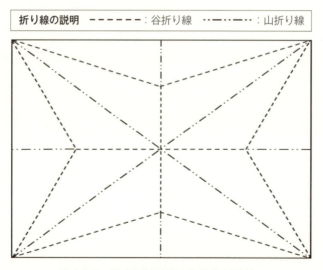

図4.3.5　長方形折り鶴の必要な折り線

● 引用・参考文献

黒田恭史(2000)「折鶴と数学」数学教育学会春季年会論文集，pp.142-144

黒田恭史編著(2014)『数学教育実践入門』共立出版，pp.128-132

(葛城元)

4.4 ⑩レジ袋の中に隠れた三角形の不思議に迫ろう

本節の概要

本節では,「レジ袋に潜む『不思議な二等辺三角形』にはどのような性質が隠れているか」をテーマとして紹介する。中学2年生では二等辺三角形の定義と定理を学習するが,日常生活でレジ袋を畳む事象を数学として捉え,図形の性質を見出す中で論理的な思考を育むとともに,仮説を立てて事象を追究していく力を養っていくための展開例を紹介する。

教材とSTEAM教育の対応

本教材では数学(M),科学(S),技術(T)の分野に重点をおいている。具体的には,出来上がった『不思議な三角形』の性質について,仮説を立てて紙を折りながら実験をしていく(S)。レジ袋を二等辺三角形として捉え角度を考察し(M),GeoGebraを用いて図形の角度を調べていく(T)。

折り方の説明

- 幅8cmほどの細長い用紙を用意する。
- 折り方は図4.4.1のQRコードと図を参考にする。

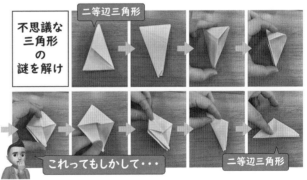

図4.4.1　二等辺三角形の折り方

教材の数学的な扱い

この教材は次の2つの目的がある。1つ目は現実世界の事象を数学とみなして解決していこうという資質・能力の育成である。2つ目は,数学の世界で考える際に幾何的な視点と代数的な視点を混ぜながら思考する資質・能力の育成である。

教材の構成としては50分×2コマである。1コマ目では身近な事例である「レジ袋のたたみ方」を教材として二等辺三角形の定理から定義を導き出す証明を学習していく(図4.4.1のQRコードより)。2コマ目ではレジ袋に見立てた長方形の用紙を配布する。その長方形の用紙を折りたたみ,出来上がった三角形に隠れた性質を追究していく(図4.4.1)。具体的には『不思議な二等辺三角形(図4.4.1)』と名付けた三角形がどのような性質を持っているのかを追究していく。

1コマ目ではレジ袋を折りたたむということで図形の対称性が生まれる。その対称性をもとに三角形の2つの角度が同じであることにつなげていく（図4.4.2）。この対称性からは∠b=∠cとなることがいえる。さらに元の用紙が長方形であることから，平行線の錯角は等しいので∠a=∠cであることがいえる。これらより，∠a=∠bとなることにつなげていく。

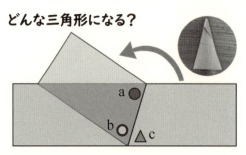

図4.4.2　レジ袋を折りたたむ

2コマ目では『不思議な三角形』について追究していく。出来上がった二等辺三角形を少し開き折り返すことにより，また別の二等辺三角形ができ上がる（図4.4.1）。結論からいうと，頂角が36°の二等辺三角形となっているのだが，生徒にはそれは伝えず生徒たち自身が仮説を立ててそれを立証させていく。自分たちの仮説を立証するためには角度，辺の長さから合同証明の考え方を使ったり，面積を求めたりするなど幾何的な視点で追究することもできる。用紙を折りながら同じ角度を見つけていく中で，頂角をaとおくと底角が2aとおける（図4.4.3）など代数的な視点で追究していくこともできる。グループで活動する中で代数と幾何の2つの領域を行き来させながら思考することで数学を使うことは，大切な力であると考える。

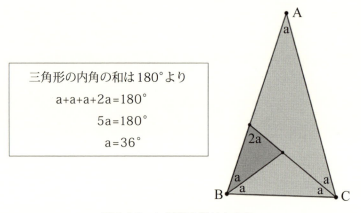

図4.4.3　レジ袋を折りたたむ

授業のねらい

【1コマ目】
- 2つの角が等しければ二等辺三角形になることを演繹的に証明することができる。

【2コマ目】
- 「不思議な三角形」の性質について仮説を立てて数学を使って論理的に立証しようとしている。
- 代数的な処理や幾何的な処理を組み合わせて「不思議な三角形」の性質を見出すことができる。

授業の展開例

学習指導案（2コマ扱い）は，以下のとおりである。

区分	学習活動と内容	指導上の留意点・指示
●1コマ目 【導入】 10分	・配布されたレジ袋を畳み，他人がどのように畳んでいるのかを見る。 ・配布されたQRコードを読み，三角形に折りたたむ方法を理解する。	①普段レジ袋を片付ける様子を再現させる。 色々なたたみ方がある中，今回は三角形にたたむ方法を考えさせる。
【展開】 35分	**問①：「三角形に畳んだレジ袋にはどのような性質があるだろうか」**	
	・どのような三角形になるのかの予想を立てる。 ・なぜ二等辺三角形になるのかを角度に注目して考える。 ・2つの角が等しい場合に二等辺三角形になることを証明する。	②縦長の用紙を生徒に配布し，全員にレジ袋代わりの用紙をたたませる。 他者の三角形と自分の三角形を見比べさせることで帰納的に二等辺三角形であることを予想させる。 折りたたんだ角度に着目させる。 証明に関しては，証明の方針を立てさせ，ペアで方針を確認させる。
	・複数の三角形について二等辺三角形であるかどうかを演繹的に考える。	③二等辺三角形の定理をもとに演繹的に考えるように促す。
	問②：「2つの底角をそれぞれ二等分してできた三角形はどのような三角形になるだろうか」	
	・二等辺三角形になることを演繹的に証明する。	④二等辺三角形の定理に帰着して演繹的に考えさせる。
【まとめ】 5分	・OPPシートに「今日の授業において一番大切なこと」を書く。	⑤授業から発展させて考えたことなどがあれば書くように指示する。
●2コマ目 【導入】 10分	・前時で折りたたんだ三角形を集めて傾向を考える。 ・図4.4.1の事例を紹介する。	⑥図4.4.1の事例について生徒に見せる。
	問③：「折りたたんでも二等辺三角形になる不思議な三角形の謎に迫ろう」	
【展開】 35分	・不思議な三角形について言えることを考える（個人） ・不思議な三角形についての仮説を立てる（4人グループ） ・仮説を検証する。 **検証の方法** （折り紙を折る，角度を指定する，角度を文字でおく，方程式をたてる，比例式をたてる，合同証明をする） ・グループを入れ替えて検証する。 ・全体で自分たちの仮説と考察を発表する	⑦角度や辺の長さに着目できるように助言する。 ⑧班ごとにどのような三角形と言えると思うか（仮説）をホワイトボードに記入させ，課題を共通認識させる。 ⑨検証の方法として幾何的な視点で合同の証明をしてもよいし，文字でおいて代数的な処理をしてもよいことを必要に応じて紹介する。 ⑩数学的な検証結果をホワイトボードに表現させていく。
【まとめ】 5分	・OPPシートに「今日の授業において一番大切なこと」を書く。	⑪授業から発展させて考えたことなどがあれば書くように指示する。

（学習指導案の②）

　レジ袋を折りたたむことで出来上がる三角形については二等辺三角形だろうということしかいえない。中学2年生の学習においては，図形の性質を使いながら論理的に考えることについての学習をする。中学2年生になり演繹的に結論を出すことについて学んでいくが，今回は友達同士で作成した三角形を見せ合う中で帰納的に「二等辺三角形である」と結論づける。そこから，授業の中では「どんなときでも？」と投げかけ「問い②」を問うことで演繹的に結論を出すことへつなげていく。

（学習指導案の⑧と⑨と⑩）

　仮説を立てて立証するということは理科の学習では必ず扱う。しかし数学の学習では仮説を検証することはほとんど扱わない。しかし仮説を立て立証するといった力を養うための練習としてこの学習では大切にしていきたい。自由に立てた仮説を4人グループになって数学を使って検証していく。大前提として仮説が正しいかどうかが大事なのではなく仮説を立証するためにどういった視点で問題を解決していく必要があるかを考えさせる必要がある。

　※ OPP シート：One Page Portfolio Assessment に用いるシートのことである。これは，学習者が1枚のシートに学習履歴を記録することで，学びを外化し，可視化する役割を果たす。

（井場恒介）

4.5 ⓫生活に活かす数学（PCCPシェルとミウラ折り）

本節の概要

本節では，「数学で学習したことを実社会に活かす」をテーマとして，中学2年生で学習する単元である「合同な図形」，「三角形と四角形」の考えを用いて図形の性質を日常に活かす教材を取り上げる。紙を折ることでどのように強度が増すかについて実験を通して探究的に図形について学習することにより，数学と実生活を結びつけることができるような授業の展開例を解説する。

教材とSTEAM教育の対応

本教材では，数学（M），科学（S），工学（E）の分野に重点をおいている。具体的には，図形の性質を活かすことで小さな力で紙を折りたたむことができたり，筒の強度をあげることができるのかについて折り方を変えながら追究していく。ICT機器を用いて折り線の設計図をシミュレーションし具現化することで多様なパターンを実験することにつながる。

折り方の説明

- ミウラ折り：実線は山折り，破線は谷折りになるように折りたたむ（図4.5.1）
- PCCPシェル：実線は谷折り，破線は山折りになるように折りたたみ，筒状にして，セロハンテープや糊で接着する（図4.5.2）

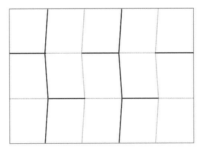

図4.5.1　ミウラ折りの折り方

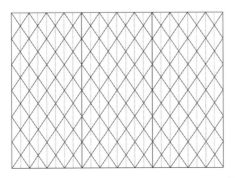

図4.5.2　PCCPシェルの折り方

第4章 中学校でのオリガミクス教材

教材の数学的な扱い

　図形の性質がどのように活用することができるかを考えるために，PCCPシェルの紹介をする．PCCPシェルはコーヒー缶やレーシングカーのマフラーにも使われている形状で，二等辺三角形をしきつめた図からできている（図4.5.2）．

　図4.5.3は，図4.5.2のPCCPシェルの一部を拡大した図である．図内を観察すると，次の2つの図形の性質を見出すことができる．1つ目は，頂点周りの山折りの線（実線）と谷折りの線（破線）と本数の差は常に2となっていることである．2つ目は，各頂点周りのなす角を1つ飛ばしで足し合わせると必ず180°となっていることである．実際，図4.5.3より，1つ飛ばしでなす角を足したものは，a+2b=180°である．これらは，紙が平らに折れるような折り方に対して成り立つ図形の性質である．

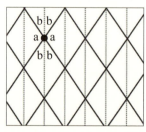

図4.5.3　図4.5.2の拡大図

　また，GeoGebraを用いて色々な種類のPCCPシェルを作成させることもできる（図4.5.4）．作成した図を印刷しPCCPシェルを作成させ，実験を通しながら強度の高まりについて追究することができる．

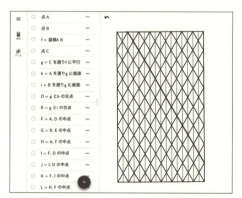 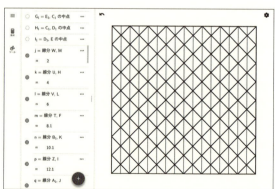

図4.5.4　GeoGebraで作図

　教室での実験では，生徒が持っているペンを何本乗せることができるかを試し，二等辺三角形の角度と乗せることができたペンの本数を表やグラフにまとめることで関数的に考察することができる．誤差は生じるものの，比例，反比例，1次関数など生徒の知っている関数として捉えることもできる．さらには実験データが集まり，エクセルやスプレッドシートを活用しグラフ化，式化することで予測をすることができる．こういった図形と関数を結びつけることも数学として捉えることにつながる．

4.5 ⓫生活に活かす数学（PCCPシェルとミウラ折り）

🎌 授業のねらい

- 二等辺三角形の辺の長さや角度に着目し筒の強度の変化を考察することができる。
- 複数回行う実験データを表やグラフにまとめ関数的に考えることができる。

🎌 授業の展開例

学習指導案（2コマ扱い）は，以下のとおりである。

区分	学習活動と内容	指導上の留意点・指示
【導入】 10分	・ミウラ折りの動画，ハサミ虫の翅の動画を視聴してミウラ折りを作る。	①ミウラ折りの線が印刷されたA4用紙（図4.5.1）を配布する。 形を工夫して活用することの良さを体感させる。
	問①：筒の強度をあげるためには「形」にどのような工夫をすれば良いだろうか	
【展開1】 70分	・用紙を円柱状にした筒を観察し強度をあげるためにはどんな工夫をすれば良いかを考える。	②折り目をつけ形を変形させても良いことを伝える。
	・配布されたPCCPシェルを観察し，どのような形が隠れているかを個人で考える。 ・隠れている形について全体で共有する。	③三角形や四角形，平行線などを想起させる。できるだけ具体的な図形の名前を発表させる。
	・4人グループになり配布された用紙を折りPCCPシェルを作成する（図4.5.2）。	④あらかじめ用意しておいた用紙を配布する。
	・GeoGebraで作図を行い条件を変えた図面を作成する。スクリーンショットを教員に送り，印刷したものを折りたたむ。	⑤角度や辺の長さを表示させデータ集約がしやすいように促す。
	・出来上がった筒の上に下敷きとペンを乗せていき強度実験を行う。	⑥実験の様子を1人1台端末で撮影させる。
	・実験データを表やグラフにまとめていく。	⑦生徒から表やグラフ，式が出るように促す。
【展開2】 15分	・グループの成果を発表する。	⑧表やグラフを用いて発表するように指示をする。
【まとめ】 5分	・OPPシートに「今日の授業において一番大切なこと」を書く。	⑨授業から発展させて考えたことなどがあれば書くように指示する。

（学習指導案の⑤）

　初めに配布した用紙から条件を変更する際，実験データをまとめるために生徒にはどの条件を変えていくかを決めさせる必要がある。その際，闇雲に図形を変形するのではなく，どのような形であれば強度が上がるのかを予想し，予想に基づいて形を変形させていく必要がある。二等辺三角形の高さを変更するのであれば，GeoGebraの「距離または長さ」のツールを用いて数値を表示させる。角度を変更するのであれば，「角度」ツールを用いて数値を表示させるとよい（図4.5.5）。具体的には，二等辺三角形の頂角の大きさに着目させ，頂角が大きくなれば強度

が増すのか，またその逆なのかについて仮説を立て実験を行なっていく。

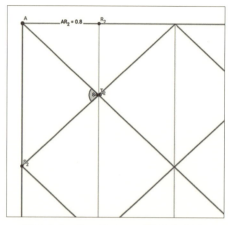

図4.5.5　GeoGebraで数値を表示

(学習指導案の⑥)

　実験を行う際はもとの用紙から何が変形したかを確認した上で実験していく。教室で行う場合は生徒が持っているペンを用いて何本乗ったのかを競わせるとグループ全員でハラハラ感を共有することもでき，生徒の意欲も上がるだろう。倒れたら次に設定した数値で実験を行なっていく。時間の関係上たくさんの数値を得られない場合は，クラスで班を合体させて実験すると良い。iPadなどで撮影をしておくと最後の発表の時に興味を引く発表ができると考える (図4.5.6)。

図4.5.6　班での実験の様子

(学習指導案の⑨)

　授業の最後にはOPPシートを書かせているが本教材は転移を促しやすいと感じる。筆者が実践したときには，ここで学習したことに興味を持ち，動く筒を作成する生徒がいたり，体育大会では伸び縮みするうちわにPCCPシェルの構造を使ったりと，クラスでPCCPシェルを活用した龍を作成するに至った。数学で学習したことを実生活でどんどん使ってみたいという意欲を引き出す声かけや指導を行うとよい。

(井場恒介)

4.6 ⑫エレベーターでソーシャルディスタンス

🔷 本節の概要

　本節では，「数学を使って現実社会の問題を解決する」をテーマとして，中学3年生で学習する単元である「2次方程式」，中学2年生で学習する「合同な図形」などの考えを複合して用いる教材を取り上げる。コロナ禍でソーシャルディスタンスという言葉をよく耳にすることがあったが，エレベーターでのソーシャルディスタンス（図4.6.1）というテーマで授業の展開例を解説する。

🔷 教材とSTEAM教育の対応

　本教材は数学（M），技術（T），工学（E）の分野に重点をおいている。具体的には，エレベーターに3人の人が最大に離れて乗る時にどのような配置になればよいかを考えていく。折り紙で正三角形を折る中で図形の性質に着目し，合同証明を使いながら思考を進めていく。また，正三角形が最大となる場合についてGeoGebraを活用しながら図形を描いたり，グラフから数値を求めたりする中で様々なパターンを思考していくことになる。

🔷 折り方の説明

- 折り紙または，正方形の用紙を用意する。
- 折り方は図4.6.2の通りである。

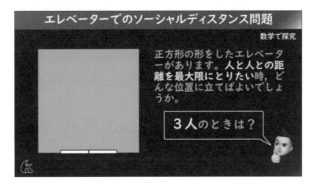

図4.6.1　問題の条件

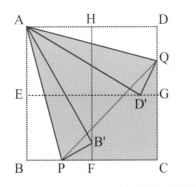
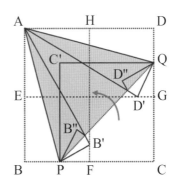

図4.6.2　正三角形の折り方

教材の数学的な扱い

本教材では次の3つの視点で考えられる。
①折り紙から正三角形を作り出す中で図形の証明を活用していくこと。
②正三角形の面積を求めるために2次方程式を用いること。
③GeoGebraで2次関数を表現し，面積が最大であることを追究していくこと。

①について

最大に離れるときには3点が正三角形になることになる。そこで正方形の中に最大の正三角形を作ることが問題となる。生徒は配布された折り紙を折りながら正三角形を作っていくのだが，図4.6.2のような正三角形が面積最大となる。この三角形が正三角形であると断定するために，図形の合同証明が活きてくる。折り紙を折りたたむという特性から同じ辺の長さ，同じ角度が導き出される(図4.6.3)。△ABPと△AB'Pの合同を証明した後に△ADQと△AD'Qも同様に合同であることがいえる。次に，△AB'Dが正三角形であることを証明したのちに，∠BAP=∠B'AP=∠DAQ=∠D'AQ=15°であることから∠PAQが60°であることに辿り着く(図4.6.2)。

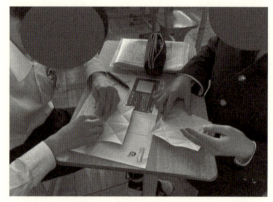

図4.6.3　折り紙で合同を示す

②について

エレベーターに乗った3人が最大限に離れた場合を求めていく。このとき，中学校で学習する数学では帰納的に結論を出すことになっていく。図4.6.4のように正方形の1辺の長さを1としてxを使って残りの辺を文字でおいていく。△ABPは直角三角形であることから，三平方の定理を用いて正三角形APQの1辺の長さを求めていくことになる。

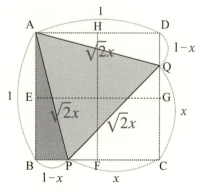

図4.6.4　辺の長さ

③について

面積をyとおき，辺の長さをxとおくと（図4.6.4），正三角形の面積が文字を使って表現することができる。中学生の段階では2次関数を描くことを学習しないが，GeoGebraに入力すれば容易に面積の変化を表すことができる。

🎌 授業のねらい

- 正方形の折り紙の中にできた三角形が正三角形であることを証明することができる。
- エレベーターで3人が最大限離れた距離を求めることができる。

🎌 授業の展開例

学習指導案（1コマ扱い）は，以下のとおりである。

区分	学習活動と内容	指導上の留意点・指示
【導入】 10分	・ソーシャルディスタンスについて理解する。 ・エレベーターに他人と乗るときに意識することについて共有する。 ・エレベーターに離れて乗る場合2人，4人のときの立ち位置を確認する。	①国によるソーシャルディスタンスの考え方の違いなど授業に入りやすい話題を紹介する。 ②実際に教室に作ったエレベーターに乗せて自分のこととして捉えさせる。エレベーターは正方形であることを条件とする。 ③最大限離れた場合がエレベーターの1辺であり，距離は1とする。
【展開1】 35分	**問い：** 3人が正方形のエレベーターに乗る。3人の距離が最大限離れた場合はどのような距離になるだろうか。	
	・ワークシートに図をかかせる。（個人） ・どのような配置になるかを全体で共有する。 ・折り紙を使って正三角形を折る。 ・4人グループで意見を交流する。 ホワイトボードなどで視覚的に共有する。必要に応じて他のグループとの共有を行う。 ・正三角形の1辺の大きさがわかれば黒板に書きに行く。 ・生徒が出してきた答えの確認をする。	④全体共有に向けてワークシートに書かれている図を分類し，把握する。 正三角形であることを確認する。 ⑤折り紙を折る中で同じ大きさの角や辺に着目させる。 ⑥折り紙，ホワイトボード，PC（GeoGebra）など個人が使いやすいものを選択させる。 ⑦生徒が平方根を使って答えを表してきた場合には近似値を求めるように指示をする。
【まとめ】 5分	・OPPシートに「今日の授業において一番大切なこと」を書く。	⑨授業から発展させて考えたことなどがあれば書くように指示する。

（学習指導案⑤と⑥）

最大の正三角形を見いだすことについては生徒にとってはかなり難易度が高いと予想される。そこで折り紙を配布し正三角形を折らせていく。作成した正三角形は友達同士で大きさを比べることから始まり，1辺の長さを比べることにも使える。さらに，なぜ正三角形といえるの

かについて折り紙をもとにホワイトボードやワークシートに表現させていくといい。グループでの交流時には折り紙から導いた条件をホワイトボードやワークシートにきちんと図示できているかを教員は机間指導で把握し，必要に応じて助言する（図4.6.5）。

図4.6.5　ホワイトボードへの描写

　GeoGebraの活用については，作図はもちろんのこと，グラフを作成する場面についても活用が望まれる（図4.6.6）。生徒の強みが生かされるように，デジタルとアナログを自由に活用させることが好ましいと考える。

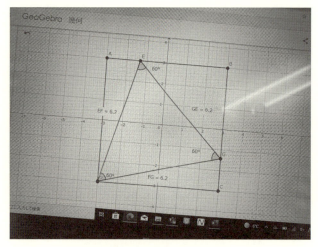

図4.6.6　GeoGebraの活用

（学習指導案⑦）

　最終的な答えとしては大きく3通り出てくると予想される。1つ目が$\sqrt{6}-\sqrt{2}$，2つ目が$2\sqrt{2}-\sqrt{3}$，3つ目が$8-4\sqrt{3}$である。どこを文字においてどんな方程式を立てるかによって答えの形が変わってくる。ルートの中にルートがあるなんてことは中学生の段階では考えられないかもしれないが，近似値を求めさせることで全ての答えが一致することを確かめるとよい。これにより高校数学への布石になり，数学の不思議な世界を垣間見ることになると考える。

（井場恒介）

4.7 ⓭ 結び目五角形の証明

🎴 本節の概要

割り箸の袋や紙テープなどの長方形用紙を結ぶようにして折ると，結び目部分に五角形ができる（以下，「結び目五角形」と呼称する）。本節では，これは正五角形なのかという問いを立て，中学校第2学年で学習する「図形の性質と証明」の考え方を用いて解決する教材を取り扱う。

🎴 教材とSTEAM教育の対応

本教材は，数学(M)と科学(S)の分野に重点を置いている。長方形を結ぶように折ってできる，結び目五角形が，正五角形かどうかを証明する(S, M)という教材を扱う。紙テープや割り箸の袋などから作成が可能であり，身近な生活場面から問題を見い出し，解決するという学習過程を踏むことができる。

🎴 折り方の説明

長方形用紙（3cm×22cm程度のもの）を用意する。実際に割りばしの袋や紙テープを用いて準備してもよい。縦長A4コピー用紙を3cm幅で切断すると，準備しやすい。

図4.7.1の左側のように長方形用紙を重ねるようにして輪をつくる。片方の端を輪に通し，折ることで図4.7.1の右側のような結び目五角形が完成する。

 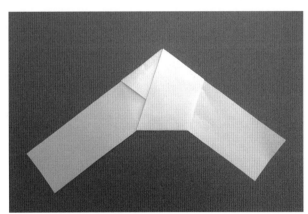

図4.7.1　結び目五角形の折り方・完成図

🎴 教材の数学的な扱い

本教材は，長方形用紙を結ぶように折り，できた結び目五角形が正五角形かどうかを証明する課題に取り組む。証明は3段階に分かれる。以下はその証明である。

(1) △ABCが二等辺三角形であることを証明する。

BD//AE, BC//ED, AB//EC, BC//ADで平行線の錯角より，
∠EAD=∠ADB, ∠ADE=∠DAC, ∠BAC=∠ACE, ∠BCA=∠DACとなる。
頂点Cでの折り返しより，a+d+e+d+e=180°…①
△ADCの内角の大きさより，a+d+e+d+e=180°…②
①，②よりb+c=d+e …③
となり，よって△ABCは二等辺三角形である。
頂点Aでの折り返しより，b+a+e+a+e=180°…④，
e+a+b+a+b=180°…⑤
③，④，⑤より，b=eまた，c=dとなる。

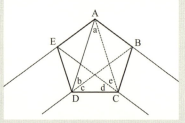

図4.7.2　証明(1)

(2) BE//CDであることを証明する。

線分DCを延長し，直線AE, ABとの交点をH, Fとする。
AH//BI, AF//EGで平行線の同位角より，∠AHD=∠BDC, ∠AFC=∠ECD …⑥
となる。
⑥より，△AFHは二等辺三角形となる。
△ABCと△AFHは，頂点Aと頂点Aを通る対称の軸を共有しているので，CF=DH．
また，一辺とその両端の角がそれぞれ等しいので，△BCD≡△EDCとなる。よってBC=EDとなる。
∠EDC=∠BCDとBC=EDより，四角形BECDは等脚台形となる。したがって，BE//CD．

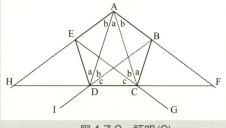

図4.7.3　証明(2)

(3) 五角形ABCDEが正五角形であることを証明する。

頂点Aでの折り返しより，a+2b+a+b=180°…⑦
△ACDの内角の大きさより，a+2b+2c=180°…⑧
⑦，⑧よりa+b=2c …⑨
∠EAB=∠ABC, AB//ECより，四角形CBAEは等脚台形である。
同様に，四角形BAED, 四角形BCDE, 四角形ABCDも等脚台形である。
△EADは二等辺三角形より，a=b …⑩。⑨，⑩より，a=b=cとなる。
以上より，五角形のすべての辺の長さと内角の大きさが等しいことから五角形ABCDEが正五角形である。

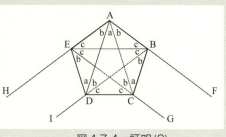

図4.7.4　証明(3)

4.7 ⓭ 結び目五角形の証明

🔷 授業のねらい

・結び目五角形が正五角形であることの証明を理解する。

・証明の内容を他者に説明できる。

🔷 授業の展開例

学習指導案（2コマ扱い）は，以下のとおりである。

区分	学習活動と内容	指導上の留意点・指示
【導入】 15分	・結び目五角形を折る。 ・できあがった図形を見て気付いたことを考える。 「五角形ができた。」 「正五角形ではないか。」	①折るときに隙間ができないように注意する。
	課題：結び目五角形は，正五角形なのだろうか。	
	・本時の課題を知る。	②正五角形の特徴について復習する。また，次の (1) ～ (3) の流れで証明することを確認する。 (1) ABCが二等辺三角形である (2) BE∥CDである (3) 五角形ABCDEが正五角形である
【展開1】 35分	・ペアやグループを作成し，課題に取り組む。	③机間指導をする。折り返しによって等しいと分かる角度や平行線に関するヒントを与える。 ④ワークシートは学級の数学の定着度に応じて穴埋め形式にするなど工夫する。
【展開2】 45分	・課題の答えを知る。 ・ペアやグループで証明の内容を説明し合う。	
【まとめ】 5分	・本授業で学んだことやわかったことを個人で整理させる。	⑤まとめと発展的な話題を提示する。

（学習指導案の②と④）

　本課題は，論証の段階が多くすべて記述式で解決するのは少し難易度が高い。よって学級の生徒のレベルに合わない可能性がある。その場合は，ワークシートを用意し穴埋め形式で取り組むなどの工夫が必要となる。

（学習指導案の③）

　折り紙を用いた論証では，紙自体に平行線が含まれることや折り返しで角度が等しくなることを活用することが多い。これまでの授業で折り目の問題などを扱っていない場合は，その2つを紹介する必要がある。

(1) 長方形の平行線について

　長方形の向かい合う2組の辺はそれぞれ平行である。本教材は、長方形用紙を結ぶように折ることによって問題の図4.7.5のような図形を作っている。したがって、図の中に平行線が現れる。平行線の性質により、錯角や同位角の大きさが等しくなる。ただ、本授業のように図形が複雑になると、生徒はこの図がどのようにして作られたのかという仮定の部分を忘れる場合がよくある。もともとどのような図形だったのかを確実に押さえるよう指導したい。

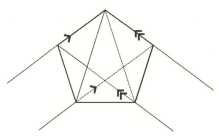

図4.7.5　平行線

(2) 折り返しによる等しい角度について

　図4.7.6の左側のように折り返してできる角a, bを考える。図4.7.6の右側のように折り返し部分を開くと、a+b+b=180°という等式が得られる。これは、折り返してできる角度ならではの性質であり、本授業で指導したいポイントである。

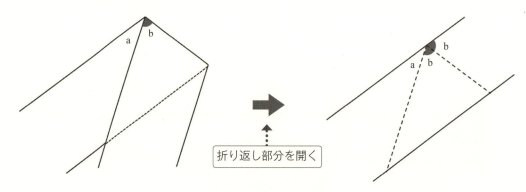

図4.7.6　折り返しの角度

● 引用・参考文献

tsujimotterのノートブック、ホームページ
https://tsujimotter.hatenablog.com/entry/origami-and-regular-pentagon（2024年9月29日現在）

（横井歩）

第5章

高等学校での
オリガミクス教材

第5章 高等学校でのオリガミクス教材

5.1 ⑭STEAM教育とオリガミクスのつながり

📐 本節の概要

資料箱

$1:\frac{1+\sqrt{5}}{2}$ の比率を黄金比といい，この $\frac{1+\sqrt{5}}{2}$ という値は，黄金数と呼ばれ一般的に φ で表される。黄金比は調和的で美しい比率であるといわれており，歴史的な建造物や芸術作品にも多く見られる。ここでは，高等学校数学Ⅱの「三角関数」をもとに，辺の比に黄金比が見られるものとして代表的である正五角形の折り方を扱う。

📐 教材とSTEAM教育の対応

本節の内容は，数学（M）と科学（S）に重点を置いている。作成した正五角形が正しく折られているか検証すること，正五角形を正しく折るための方法を発見することである。辺の長さや角の大きさを計測し，なぜ誤差が生じたのかを数学を用いて検証することで，作品の構造を分析したり，発見した課題を解決したりする能力を養うことをねらいとしている。

📐 折り方の説明

以下，間違った正五角形を『正五角形（誤）』，正しい正五角形を『正五角形（正）』と呼ぶ。

- 正方形用紙を用意すること。
- 正五角形（誤）の折り方は，図5.1.1のQRコード（URL）から動画を視聴すること。
- 正五角形（正）の折り方は，図5.1.2のQRコード（URL）から動画を視聴すること。

https://youtu.be/XIbsz5qrDgM   https://youtu.be/nEanuEmfkXM

図5.1.1　正五角形（誤）折り方動画　　図5.1.2　正五角形（正）折り方動画

📐 教材の数学的な扱い

正五角形（誤）のどの部分に間違いがあるのかを，三角関数を用いて明らかにする。正五角形（誤）の展開図は以下のとおりである（図5.1.3参照）。今回は，展開図の上半分に着目して分析を行う。展開図の上半分について，折り紙の頂点，折り紙の辺と折れ線の交点を図5.1.4のように点Aから点Jとする。折り紙の一辺を a，線分ECを x，∠GEC=α，∠IEG=β とする。検証方法の例としては，∠JEI=∠IEH=∠HEG=∠GEF=∠FEC=36°であることを確認する方法である。∠JEI=θ として，θ の値を求める。求め方は，以下のとおりである。

$x\sin\theta = \dfrac{a}{4}$, $x\cos\theta = \dfrac{3}{4}a - x$ より

$\quad x\cos\theta = 3x\sin\theta - x$

$\quad \cos\theta = 3\sin\theta - 1$

$\quad 3\sin\theta - \cos\theta = 1$

$\quad \sqrt{10}\sin(\theta - \alpha) = 1$

ただし，

$\sin\alpha = \dfrac{1}{\sqrt{10}}$, $\cos\alpha = \dfrac{3}{\sqrt{10}}$ ……①

したがって，

$\quad \sin(\theta - \alpha) = \dfrac{1}{\sqrt{10}}$

$\quad \sin(\theta - \alpha) = \sin\alpha$

よって $\theta - \alpha = \alpha$，つまり $\theta = 2\alpha$

また，①を満たす α を求めると，

$\quad \alpha = 18.43\cdots$

よって，$\theta = 36.86\cdots$

①を満たす α を求める際には，関数電卓の逆関数の機能を用いた。以上より，θ の値が36°とならなかったことから，正五角形（誤）の間違っている点を挙げることができる。

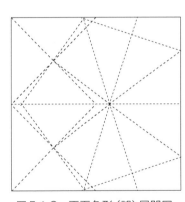

図5.1.3　正五角形（誤）展開図

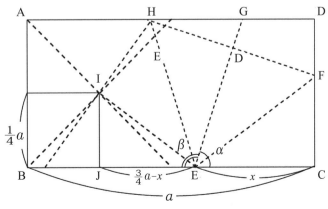

図5.1.4　正五角形（誤）上部展開図

第5章 高等学校でのオリガミクス教材

授業のねらい

- 正五角形の折り紙の構造を数学的に分析し，課題点を見つけることができる。
- 黄金比の性質を用いて，正しい正五角形を作成することができる。

授業の展開例

学習指導案（2コマ扱い）は，以下のとおりである。

区分	学習活動と内容	指導上の留意点・指示
【導入】 20分	・黄金比について知る。 　調和的で美しい比率であるといわれており，歴史的建造物や芸術作品に用いられていること。 　正五角形の辺の比にも見られること。	①黄金比について説明をする。具体的な建造物や，芸術作品などの写真を見せる。
【展開1】 40分	・本時の課題を知る。 ・折り紙で正五角形（誤）を作成する。	
	今，作成した正五角形は正しく作成できているだろうか。	
	・正五角形の作成過程を振り返り，正しく作成されているのかを分析する。 ・ペア・グループで正しくない部分を共有する。 ・全体で解答例を共有する。	②折り紙を配布し，正五角形（誤）の折り方動画を視聴させる。 ③作成した図形が，本当に正五角形になっているのか検証させる。辺の長さや角度を測ってみるように伝える。値の誤差は，うまく折れなかったためか，折り方自体が間違っているか考えさせる。作成過程でできた折れ線や，角度に着目するよう伝える。
	正確な正五角形を作成しよう。	
【展開2】 35分	・折り紙で正五角形（正）を作成する。	④折り紙を配布し，正五角形（正）の折り方動画を視聴させる。 黄金数 φ の性質について説明する。
【まとめ】 5分		⑤まとめと発展的な話題を提示する。

（学習指導案の①と②）

　導入では，黄金比について説明をする。実際の歴史的建造物や芸術作品の写真を用いて，どの部分に黄金比が見られるのかなどを説明する。また，正五角形の一辺と対角線の比が黄金比になっていることを説明し，実際に折り紙で正五角形を作成するという課題を提示し，個人で正五角形を作成させる。

（学習指導案の③と④）

　黄金数 $\varphi = \dfrac{1+\sqrt{5}}{2}$ について等式 $\varphi(\varphi-1)=1$ が成り立つことを指導する。これは，正五角形（正）を作成するために必要な性質である。半分に折った折り紙について，長方形の頂点，長方形の辺

と折れ線の交点を図5.1.5のように，点Aから点Fとする。このとき，紙の一辺の長さをφとおくと，CH=$\frac{1}{2}$となる。あとは，半分に折った折り紙を広げると正五角形の一辺が得られるため，その長さを移していくことで正五角形を作成することができる。CHの求め方は以下のとおりである。

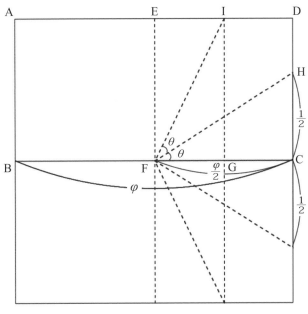

図5.1.5　正五角形（正）展開図

∠HFC=θとおくと，線分HFは∠IFCの二等分線であるから∠IFH=θである。線分IGは線分FCの垂直二等分線であることから，FG:GI=1:2である。
したがって，
$$\tan\theta = \frac{2}{\varphi}\mathrm{CH}, \quad \tan 2\theta = 2$$
が成り立つ。
$\varphi(\varphi-1)=1$より$\varphi^2=\varphi+1$が得られる。
$\tan 2\theta = \frac{2\tan\theta}{1-\tan^2\theta}$より，$\frac{2\tan\theta}{1-\tan^2\theta}=2$である。
以上より，$\tan\theta$を消去してCHについて整理すると
$$4\mathrm{CH}^2+2\varphi\mathrm{CH}-\varphi^2=0$$
$\varphi^2=\varphi+1$であるから
$$4\mathrm{CH}^2+2\varphi\mathrm{CH}-(\varphi+1)=0$$
これを解いてCH=$\frac{1}{2}$が得られる。

三角関数の加法定理や合成を用いて検証するため，覚えているか事前に確認しておくことが必要である。

● 引用・参考文献

牟田敦（2021）『アートのための数学』オーム社

（木下卓海）

5.2 ⑮ 正六角形カップの折り方とその構造

🧭 本節の概要

正六角形は，平面に隙間なく敷き詰めることのできる平面充填が可能な図形の一つである。その構造は，ハニカム構造と呼ばれており衝撃吸収に優れている。本節では，正六角形のカップの折り方から，設計図から立体を作成する際に，辺や点がどのように移動するのかを，高等学校数学Cの「ベクトル」を用いて把握することを目的とする。

資料箱

🧭 教材とSTEAM教育の対応

本節の内容は，正六角形カップを作成し，立体の構造を分析することに重点をおく。具体的には，指定された点についてベクトルを用いて表すことができるか（M），また，正n角形カップについての設計図を作成し，同様に立体の分析をすることができるか（S）である。

🧭 折り方の説明

- 【資料箱】にある「正六角形カップ設計図（A4）」を印刷すること。
- 正六角形カップの折り方は，図5.2.1のQRコード（URL）から動画を視聴すること。

https://youtu.be/SSnXSZI6UsE
図5.2.1　正六角形カップ折り方動画

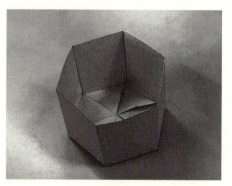

図5.2.2　正六角形カップ完成品

🧭 教材の数学的な扱い

図5.2.3のように，正六角形カップの設計図上に原点O，点P, Q，$\vec{a}, \vec{b}, \vec{c}$を設定する。正六角形カップを作成したときの点P, Qの位置ベクトルを$\vec{a}, \vec{b}, \vec{c}$を用いて表し，$\overrightarrow{OP} \cdot \overrightarrow{OQ}$を求めるという課題である。設計図と完成した折り紙カップ（図5.2.4）を見比べて，平面図から立体になる際に，点P, Qがそれぞれどこに存在するかを把握する。$\overrightarrow{OP} \cdot \overrightarrow{OQ}$の求め方は以下のとおりである。

$\vec{OP}=2\vec{a}+2\vec{b}$, $\vec{OQ}=\vec{a}+2\vec{b}+\vec{c}$ である。
したがって,

$\vec{OP}\cdot\vec{OQ} = (2\vec{a}+2\vec{b})\cdot(2\vec{a}+\vec{b}+\vec{c})$
$= 4|\vec{a}|^2+4\vec{a}\cdot\vec{b}+2\vec{a}\cdot\vec{c}+4\vec{b}\cdot\vec{a}+4|\vec{b}|^2+4\vec{b}\cdot\vec{c}$
$= 4|\vec{a}|^2+4|\vec{a}|\cdot|\vec{b}|\cos120°+2|\vec{a}|\cdot|\vec{c}|\cos90°+4|\vec{b}|\cdot|\vec{a}|\cos120°+4|\vec{b}|^2+4|\vec{b}|\cdot|\vec{c}|\cos90°$
$= 4|\vec{a}|^2+8|\vec{a}|\cdot|\vec{b}|(-\frac{1}{2})+4|\vec{b}|^2 = 4|\vec{a}|^2-4(|\vec{a}|\cdot|\vec{b}|)+4|\vec{b}|^2 = 4\{(|\vec{a}|-|\vec{b}|)^2+|\vec{a}|\cdot|\vec{b}|\}$

今回使用するのはA4用紙のため,横の長さが297mmである。本設計図により作られるカップの側面は,重なる面を含めて7面で,どれも同じ大きさで構成されているが,重なって隠れる面に関しては,カップの側面と同じ大きさ,もしくは,小さければよいため,カップ側面の横の長さは自由に設定することができる。また,高さにおいても,底面が折り込めるだけの面積があればよいため,設計図を作成する段階で調整が可能である。具体的な値を求めさせたい場合には,事前に調整しておくことが必要である。

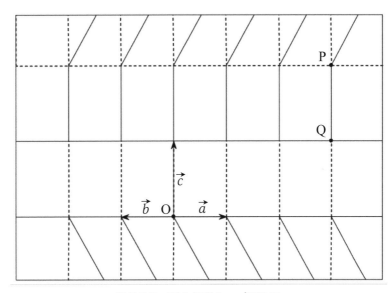

図5.2.3　正六角形カップ設計図

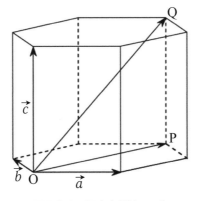

図5.2.4　正六角形カップ

第5章　高等学校でのオリガミクス教材

🔷 授業のねらい

- 正六角形カップの折り紙の構造を，ベクトルを用いて考察することができる。
- 正 n 角形カップを作成し，その構造を，ベクトルを用いて考察することができる。

🔷 授業の展開例

学習指導案（2コマ扱い）は，以下のとおりである。

区分	学習活動と内容	指導上の留意点・指示
【導入】 25分	・折り方動画を視聴しながら正六角形カップを作成する。	①正六角形，ハニカム構造について説明をする。衝撃吸収に優れていることや，航空機や建造物に利用されていることを説明する。 ②設計図を配布し，正六角形カップの折り方動画を視聴させる。
【展開1】 20分	$\overrightarrow{\mathrm{OP}} \cdot \overrightarrow{\mathrm{OQ}}$ を $\vec{a}, \vec{b}, \vec{c}$ を用いて表せ。 ・設計図と，完成したカップを見比べながら指定された内積を求める。 ・全体で解答例を共有する。	③原点O，点P，Q，$\vec{a}, \vec{b}, \vec{c}$ が記された設計図を提示し，$\overrightarrow{\mathrm{OP}} \cdot \overrightarrow{\mathrm{OQ}}$ を求めさせる。
【展開2】 50分	正 n 角形カップの折り方を考えてみよう。 ・正 n 角形カップの設計図を作成する。このとき，設計図内に原点O，点P，Q，$\vec{a}, \vec{b}, \vec{c}$ を任意にとる。 ・正 n 角形カップを作成し，ペアで共有する。 ・$\overrightarrow{\mathrm{OP}} \cdot \overrightarrow{\mathrm{OQ}}$ を求める。	④A4用紙を配付し，正 n 角形カップの作成をさせる。
【まとめ】 5分		⑤まとめと発展的な話題を提示する。

（学習指導案の①と②）

　導入では，ハニカム構造について説明をする。衝撃吸収に優れている点やその理由，自然界で見られる具体物や，人工物で用いられているものなどを具体的に提示して説明をする。事前にA4用紙に正六角形カップの設計図を印刷したものを配付し，折り方動画を視聴させ正六角形カップを作成させる。側面の面積は，指導者が調整してもよい。

（学習指導案の③）

　平面上に記された点が，立体になるとどこに移動するかを把握することが重要であるため，点 Q は指導者が自由に設定してもよい。$\overrightarrow{\mathrm{OP}} \cdot \overrightarrow{\mathrm{OQ}}$ の求め方より，$\overrightarrow{\mathrm{OP}} \cdot \overrightarrow{\mathrm{OQ}}$ は $\vec{c}$ に依存せず，$\vec{a}, \vec{b}$ の大きさによって値が変化することがわかる。以上の点に気づかせるため，点 Q （もしくは点P）は，$\vec{a}, \vec{b}, \vec{c}$ すべての成分を用いて表される点をとることが望ましい。

(学習指導案の④)

　A4用紙を配付し,正n角形カップの設計図,カップの作成をさせる。ベクトルの内積を求めさせる際には,底面の正n角形は,角の数が多いほど,設計図に記した点の移動が複雑になる。また,形状によっては,関数電卓が必要になる。生徒の状況にあわせて,正五角形カップを作るよう指示をするなど,全生徒で統一したカップを作らせてもよい。

　カップを作る際の注意点としては,正n角形カップであれば,$n+1$だけ側面を作る必要があり,底面は,面積が小さすぎると底面中央に空洞ができてしまう点である(図5.2.5参照)。作業に入らせる前に,生徒に発問するなどして,設計図作成のヒントを提示してもよい。

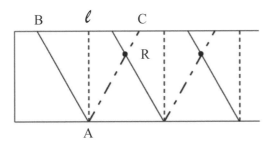

底面に着目すると,直線ℓで折ることによってABはACに移され交点Rができる。この点が正六角形の中心となっているため,交点Rが存在しないような折り方では,底面の中央に空洞が生じてしまう。

図5.2.5　正六角形カップ底面設計図

● 引用・参考文献

ビジネスフォーム・コンピュータ用紙 製造販売「六角柱の作り方」
〈https://aaatoyo.com/download-a4-origami-Hexagonal-prism.htm〉(2024年10月6日最終アクセス)

(木下卓海)

5.3 ⑯ 簡易版缶模型の体積を求めよう

本節の概要

とある飲料缶の側面には上下に逆さまの三角形が並んでおり，触るとデコボコしている。この飲料缶は「ダイヤカット缶」と呼ばれ，缶の強度を高めることで軽量化を実現している（東洋製罐株式会社）。ここでは，このダイヤカット缶の形状を簡素化した「簡易版缶模型（図5.3.1）」をもとに，その体積を，中・高等学校で学ぶ図形の内容（角錐の体積，三平方の定理，三角比など）を使って求める方法を紹介する。

資料箱

教材とSTEAM教育の対応

本教材の主な内容は，簡易版缶模型の体積を求めるために，寸法や形状を数学的に解析することである（M）。その過程では，設計図と完成品を観察する，道具を使って測定する，複数の解法を比較・検証するなどの科学的な手法を取り入れた学習を扱うことが可能である（S）。

折り方の説明

- 【資料箱】にある図5.3.1の設計図をA3用紙に印刷する。
- 組み立てて接合する際は，セロハンテープを利用するとよい。

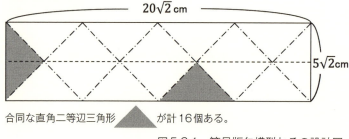

図5.3.1 簡易版缶模型とその設計図

教材の数学的な扱い

今回は，簡易版缶模型の体積を，既知の図形を利用して間接的に求める方法を解説する（なお，模型を三角錐に分割して求める方法もある）。

図5.3.2に示されるように，簡易版缶模型の外側に正八角柱模型をぴったり被せると，その隙間部分に三角錐が16個生じる。したがって，簡易版缶模型の体積は，次のようにして求めることができる。

$$(簡易版缶模型の体積) = (正八角柱の体積) - (三角錐の体積) \times 16$$

具体的な求め方は，次のようになる（図5.3.3参照）。

5.3 ⓰ 簡易版缶模型の体積を求めよう

【三角錐A-BCDの体積 V_1】

$\triangle BDC = \frac{1}{2} \times BC \times DE$

$= \frac{1}{2} \times 5\sqrt{2} \times \frac{5\sqrt{2}}{2}(\sqrt{2}-1)$

$= \frac{25}{2}(\sqrt{2}-1)$

$V_1 = \frac{1}{3} \times \triangle BCD \times AD$

$= \frac{1}{3} \times \frac{25}{2}(\sqrt{2}-1) \times 5\sqrt{\sqrt{2}-1}$

$= \frac{125}{6}(\sqrt{2}-1)\sqrt{\sqrt{2}-1}$

【正八角柱の体積 V_2】

(底面積) $= \frac{1}{2} \times 5 \times 5 \times \sin 45° \times 8 = 50\sqrt{2}$

$V_2 =$ (底面積) $\times$ 高さ

$= 50\sqrt{2} \times 10\sqrt{\sqrt{2}-1} = 500\sqrt{2}(\sqrt{\sqrt{2}-1})$

【簡易版模型の体積 V】

$V = V_2 - 16V_1$

$= \frac{500\sqrt{2}}{3}(\sqrt{2}+1)\sqrt{\sqrt{2}-1}$ 約366cm³

正八角柱を簡易版缶模型の外側に被せる

・簡易版缶模型   ・正八角柱模型   ・隙間部分に生じる図形は三角錐である

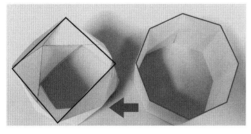
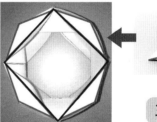
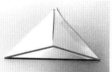

三角錐×16個

図5.3.2　考え方

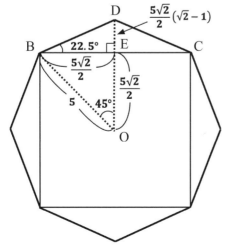
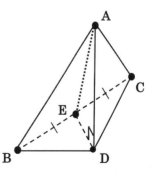

$AE = \frac{5\sqrt{2}}{2}$, $DE = \frac{5\sqrt{2}}{2}(\sqrt{2}-1)$

△ADEに対して，三平方の定理より

$AD = 5\sqrt{\sqrt{2}-1}$

図5.3.3　体積を求めるための補助図

第5章 高等学校でのオリガミクス教材

正八角形の面積を求める際には，図5.3.3からわかるように，正方形と4つの二等辺三角形に分割することで，三角比の知識を使わずに計算できる。ただし，正十二角形や正二十四角形など，よりダイヤカット缶に近づけた形状を考慮する場合には，三角比を用いた統合的な考え方が大切になってくることも認識しておきたい。

授業のねらい

- 既知の図形の知識を使って，簡易版缶模型の寸法や体積を求めることができるようになる。

授業の展開例

学習指導案（2コマ扱い）は，以下のとおりである。

区分	学習活動と内容	指導上の留意点・指示
【導入】 15分	・ダイヤカット缶の特徴を把握する。 缶の側面に凸凹があること。 缶の強度を保ったまま，コストカットを実現していること。 円柱型の缶よりも容積が少ないこと。	①ダイヤカット缶の特徴を取り上げ，円柱型の缶よりも容積が少ないことを提示する。
	ダイヤカット缶は，円柱型の缶と比べてどの程度容積が少ないのだろうか。	
	・本時の課題を知る。 ・簡易版缶模型の設計図から，実際に簡易版缶模型をつくる。	②ダイヤカット缶の形状を簡素化した「簡易版缶模型」を使って考えることを伝え，その設計図を配布して作成させる。以下の課題を提示する。
	課題：簡易版缶模型は，円柱模型と比べてどの程度容積が少ないか求めよ。	
【展開1】 50分	・体積を求める上で必要な仮定や条件を知り，実際に体積を求める。 ・計算には電卓を使う。	③体積を求める上での仮定や条件を提示する。 1）設計図の寸法 2）設計図を構成している図形
【展開2】 30分	・ペア・グループで解き方を共有する。 **（予想される生徒の解き方）** ・三角比の定義や，正弦定理を使う方法 ・三角比を一切使わない方法	④机間指導する。さまざまな解法が交流できるようにマッチングさせる。
【まとめ】 5分	・課題の答えを知る。 ・正十二角形，正二十四角形と角の数を増やした場合にも今回の解法が適用できるかを検討する。	⑤まとめと発展的な話題を提示する。

（学習指導案の①と②）

導入では，ダイヤカット缶と通常の円柱型飲料缶の実物や写真を提示する。ダイヤカット缶の凹凸部分が内側に入り込んでいるために，円柱型飲料缶よりも容積が少なくなることを問いかける。その後，【資料箱】にある設計図を配布し，簡易版缶模型（A）と円柱模型（B）を製作させる。なお，簡易版缶模型の体積を求めるための仮定や条件を提示する際は，実物をもとに

丁寧に説明することが大切である。

(学習指導案の③)

　図5.3.4の左部に示すように，円柱模型を簡易版缶模型の外側に被せた際，隙間に生じる立体図形に着目する生徒がいる。生徒はこの立体図形の体積を円柱の体積から差し引けばよいことに気付くが，立体図形の一部が曲線で構成されているために思考が止まってしまう。このような場合は「もしこの部分が直線だったらどうなるか」と問いかけるのが効果的である。生徒達は資料箱にある設計図の (C) を利用して正八角柱模型を製作し，図5.3.4の右部のように被せることで，既習の三角錐に対応していることに気付きやすくなる。

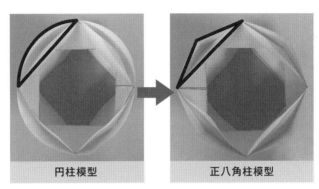

図5.3.4　解決の手立てを考える

(学習指導案の④)

　三角錐の認識が難しかったり，辺を取り違えたりするので，図5.3.5などのように図示させて情報を整理させたい。体積の解法について，どの図形に着目するか，またどの図形の知識や公式（三平方の定理，三角比の定義，三角比の面積公式など）を使用するかは生徒により様々である。解法や考え方を積極的に交流させて，理解を深められるようにしたい。

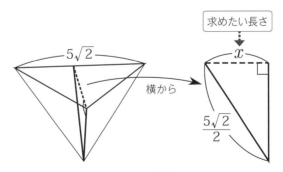

図5.3.5　三角錐の図示

● 引用・参考文献

葛城元・黒田恭史 (2016)「科学的思考方法の習得を目指したオリガミクスによる数学教材の開発 ― ダイヤカット缶を題材にして」数学教育学会誌, 57(3・4), pp.125-139

東洋製罐株式会社, ダイヤカット缶, ホームページ

https://www.toyo-seikan.co.jp/technology/can/decorationshape/diamondcut/（2024年10月2日現在）

（葛城元）

第5章 高等学校でのオリガミクス教材

5.4 ⑰紙容器の構造を解き明かそう

本節の概要

紙容器は廃棄時に減容化が可能であるため，環境に優しくエコロジーな素材である。ここでは，シンメイ（2020）を参考に製作した図5.4.1の紙容器をもとに，高等学校数学Ⅰで学習する三角比を用いてその構造を解析する授業例を紹介する。

資料箱

教材とSTEAM教育の対応

本教材では，紙を折ったり重ねたりする活動を通じて（T），紙容器の特徴を観察する（S）。その結果に基づき，紙容器自体やその設計図を解析する（M）。さらに，紙容器の底面や側面の図形を変更・修正することで，丈夫さや強度，見た目のデザインを追究する活動にも発展させることができる（E, A）。

折り方の説明

- 【資料箱】の設計図を利用するとよい。A3サイズで印刷すると作業がしやすい。

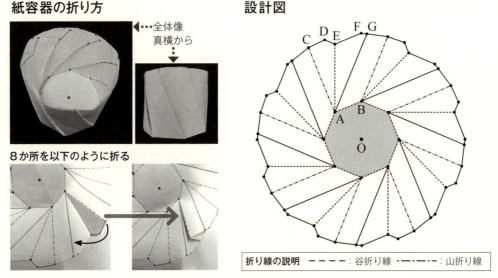

図5.4.1　紙容器の折り方

教材の数学的な扱い

紙容器の設計図を作成する際には，以下に基づいた（図5.4.2を参照）。

5.4 ⑰ 紙容器の構造を解き明かそう

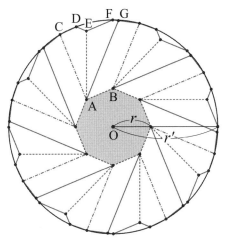

図5.4.2 設計図を説明する図

【設計図の説明】
- 点 O は正八角形と半径 r' の円の中心である。
- 点 A, B はそれぞれ正八角形の頂点であり，
  OA=OB=r
- 点 C, D, F, G はそれぞれ円 O 上にあり，
  ∠GAE=∠CAE=22.5°
  ∠GAB=45°
- 線分 AB と線分 EF は平行である。
- ∠FEA=∠DEA=112.5°である。

紙容器の構造を説明するために数学を活用する。以下では，紙容器の寸法（高さ）の式と，底面積と側面積の関係式を求める。

図5.4.3に示すように，設計図内で紙容器の高さを表す線分はBHである（図5.4.1の紙容器の完成品では，側面が底面に対して垂直であると仮定）。これを求めるためには，補助線OFを引く方法がある。点Bが線上OFにあることは，次のように確認できる。

まず，四角形ABFEは平行四辺形であるため，∠ABF=112.5°である。また，△OABは二等辺三角形であるため，∠OBA=67.5°である。よって，∠ABF+∠OBA=180°である。ここで，△BHFに注目すると，∠BFH=67.5°，∠BHF=90°，BF=$r'-r$ であることがわかる。三角比の定義を用いると，紙容器の高さBFは，次の式で表すことができる：BH=$(r'-r)\sin 67.5°$。

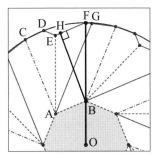

図5.4.3 高さは線分BH

第5章 高等学校でのオリガミクス教材

紙容器の側面は, 平行四辺形ABFEと合同な平行四辺形8つで構成されている(図5.4.4)。よって, 側面積は$4\sqrt{2}r(r'-r)$である。一方, 底面は正八角形である。よって, 底面積は$2\sqrt{2}r^2$である。これらの式から次の関係が成り立つ：(側面積):(底面積)$=2(r'-r):r$

図5.4.4　側面は平行四辺形8つで構成

授業のねらい

- 紙容器の寸法や面積を表す式を, 三角比の定義や図形の性質を用いて導出できる。

授業の展開例

学習指導案(2コマ扱い)は, 以下のとおりである。

区分	学習活動と内容	指導上の留意点・指示
【導入】 15分	・紙容器を製作する。 ・紙容器には寸法が表記されていることを確認する。	①【資料箱】の設計図(A3用紙)を配布し, 生徒に紙容器を製作させる。 ②実際に商品として発売されている紙容器を紹介し, 商品には寸法(幅, 奥行, 高さ)が記載されていることを共有する。その後, 課題①を提示する。
【展開1】 50分	課題①：紙容器の寸法(幅, 奥行, 高さ)を求めよう。 ・紙容器の幅, 奥行, 高さがどこにあるかを, 実物をもとに確認する。 ・紙容器の寸法を数式で表す。 　(幅)＝$2r$ 　(奥行)＝$2r$ 　(高さ)＝BH＝$(r'-r)\sin 67.5°$ ・紙容器の寸法をものさしで測定した数値を数式に代入し, 数式が正しいかを確認する。 ・課題①の答えを確認し, 解法を見直す。	③紙容器の幅, 奥行, 高さがどこにあるかを確認させる。どのサイズの紙容器にも対応できるよう, 紙容器の寸法を数式で表現することを指示する。 ④紙容器の設計図の作成方法について, 仮定や条件を説明し, その上で紙容器の寸法を求めるための式を導き出させる(【資料箱】にプリントあり)。 ⑤課題①の解答を提示し確認させる。さらに, 課題②を提示する。

【展開2】30分	**課題②**：紙容器の底面積と側面積をそれぞれ式で表そう。	
	三角比を用いた場合は以下の通り。 （側面積）＝$4\sqrt{2}r(r'-r)$ （底面積）＝$2\sqrt{2}r^2$	⑥紙容器の側面積と底面積を求めさせる。
【まとめ】5分	・課題②の答えを確認し,自身の解法を見直す	⑦課題②の解答を提示し確認させる。

（学習指導案の③）

　紙容器の高さを特定し，数式で表すことは難しいと考えられる。そこで，まずは紙容器を手に取らせ，どのような図形が含まれているかを観察させるとよい。例えば，図5.4.3と図5.4.4に示すように，紙容器の側面部分には，合同な平行四辺形が8つあることや，紙を折った際に角同士がぴったり重なる箇所（例：∠DEA=∠FEA）があることを確認できる。

　また，紙容器の高さについては，図5.4.5の左部のように鉛筆やペンで高さを記入させた後，図5.4.5の右部の状態に戻して設計図上で対応する部分を確認させるとよい。設計図と完成品を何度も行き来させることで，紙容器の高さの理解を，実感を伴って深めることができ，紙容器の構造の把握にもつながる。

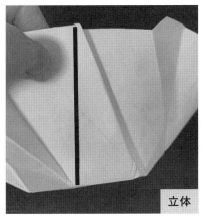 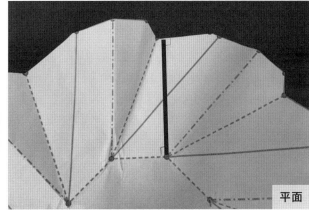

図5.4.5　紙容器の高さの特定

（学習指導案の④）

　設計図の作成方法については，仮定や条件からわかる辺の長さや角度を設計図内に書き込ませるとよい。紙容器の高さBHは，∠BFH=67.5°，∠BHF=90°，BF=$r'-r$であることから，三角比の定義を用いて，$\sin 67.5°=\dfrac{BH}{BF}$と立式することで，BH=$(r'-r)\sin 67.5°$と求められる。生徒にとっては，図5.4.3に示された直角三角形BHFを見つけ，三角比の定義を適用することが難しいので，一つひとつのステップを確実に押さえながら進めていく必要がある。また，rとr'に具体的な値をそれぞれ代入して高さを計算させ，その後ものさしで測定させることで，高さが一致するかどうかを確認させるとよい。

（学習指導案の⑥）

　紙容器の側面積については，側面が8つの平行四辺形で構成されていることを理解すれば，先に求めた紙容器の高さを用いて，$8 \times \dfrac{r \sin 45°}{\sin 67.5°}(r'-r) \times \sin 67.5°$ と立式することで求められる。また，底面積については，三角比による面積公式を用いて，$8 \times \dfrac{1}{2} r^2 \sin 45°$ と立式することで求められる。

●引用・参考文献

株式会社シンメイ (2020) おりがみカップ, 株式会社シンメイホームページ, pp.1-2.
https://www.shinmei-pac.co.jp/product/pdf/panf-origami.pdf（2024年10月2日現在）

（葛城元）

5.5 ⓲折り船に重りはどれだけ積載できるか

本節の概要

本節では,「折り船を水に浮かべたときに重りはどれだけ載るか」というテーマで,中・高等学校で学ぶ図形の性質(合同な三角形,三角形の内心・内接円など)と浮力の考え方を用いて課題解決する教材を取り上げる。ここでは,課題解決に向けての道筋を考え,それを数学的に表現し,正しいかどうかを確認できるようになるための授業の展開例を紹介する。

資料箱

教材とSTEAM教育の対応

本教材は,数学と科学の分野に重点を置いている。具体的には,折り船の寸法・体積を求める際に初等幾何を活用すること(M),折り船の製作,実験,検証を通して問題を解決すること(S)に焦点を当てている。

他分野との関わりとしては,ICT機器を用いて折り船の設計図をシミュレーションし,具現化すること(T),より多くの重りを載せられるように折り船の改良案を検討すること(E)が挙げられる。これに関しては,第5.6節で詳説する。

折り方の説明

- 正方形用紙を用意すること。【資料箱】には,A4用紙に折り船の設計図を置いているので適宜利用するとよい。
- 折り船の折り方については,図5.5.1のQRコード(URL)から動画を視聴すること。

船の折り方

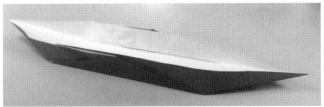

注:折り紙アーティスト Jo Nakashima さんの作品を用いている。

図5.5.1　船の折り方

教材の数学的な扱い

折り船が水に浮くかどうかを考えるために,折り船の体積を初等幾何の方法で求める。折り船の体積は,次のとおりである(図5.5.2参照)。正方形ABCDの1辺を a とする。

(折り船の体積)=$\frac{1}{24}${$(3-2\sqrt{2})(3\sqrt{2}+2\sqrt{2-1})$}$a^3$

(中央部分の体積)=$\frac{3\sqrt{2}-4}{8}a^3$, (先端部分の体積)=$\frac{1}{12}${$(3-2\sqrt{2})\sqrt{2-1}$}a^3

(船の高さ)=(中央部分の横)=$\frac{2-\sqrt{2}}{2}a$, (中央部分の縦)=$\frac{\sqrt{2}}{2}a$, (四角錐の高さ)=$\frac{\sqrt{2}-1}{2}a$

折り船の中央部分(直方体)について，その高さNHは，次のように求められる。

【解答例】

△ADEに着目する。

内角の二等分線の性質から，AE:AD=EG:DG=1:$\sqrt{2}$ …①

ED=$\frac{\sqrt{2}}{2}a$と①より，EG=$\frac{2-\sqrt{2}}{2}a$ …②

点Gは△ACDと△JKLの内心より，PE=NH=MI …③

②と③より，NH=$\frac{2-\sqrt{2}}{4}a$

折り船を作る工程において，図5.5.2の線分AFは∠CADの二等分線，線分BDは∠ADCの二等分線である。これにより，①と③が確認できる。そして，図5.5.3のように紙を折る場面では，点Nと点Mが点Pにそれぞれ一致するため，GN=GP=GMとなり，△JKLの内接円の存在を確認できる。

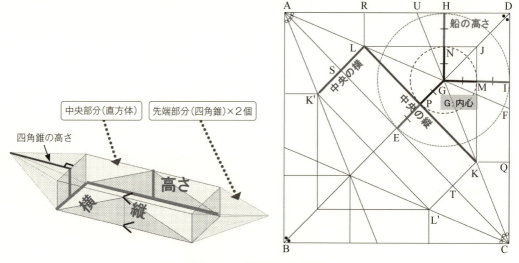

図5.5.2 折り船と設計図

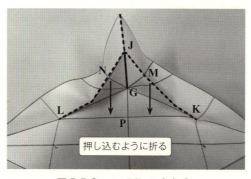

図5.5.3 △JKLの内心G

次に，中央部分の横LK'は，△ACDおよび△JKLの内接円の存在から，折り船の高さの2倍であることがわかる。また，中央部分の縦LKは，AC=$\sqrt{2}a$と△AGC∽△GLKから求められる。

折り船の先端部分（四角錐）の高さについては，線分ASと折り船の高さNH，三平方の定理を用いて計算できる。

今回は，初等幾何を用いて折り船の体積を求めたが，三角比や解析幾何を用いたアプローチも可能である（葛城 2018）。これらの方法は，学んだ知識や技能を活用するための良い学習機会となる。

🧭 授業のねらい

- 課題解決のために，図形の内容を総合的に活用し，その解き方が妥当であるかどうかを確かめることができる。

🧭 授業の展開例

学習指導案（2コマ扱い）は，以下のとおりである。

区分	学習活動と内容	指導上の留意点・指示
【導入】 20分	・タブレット端末で折り船の作り方の動画を視聴して，折り船をつくる。	①1辺が16 cmの正方形用紙を配布し，折り船を製作させる。折り船が完成した後，本課題を提示する。
	問：折り船に重りを載せて水に浮かべようと思います。このとき，重りは最大何個まで載せることができるでしょうか。	
	・「折り船の体積」が「折り船と重りの総重量」よりも大きければ，折り船は水に浮くことに気づく。	②折り船（中央部分のみ）の重りの積載実験の動画（図5.5.4の上部）を視聴し，浮力と体積の関係を直感的に理解させる。
【展開1】 60分	**課題：**折り船の体積を求め，積載できる重りの最大個数を求めよ。	
	・折り船とその設計図を利用して，まずは個人で考える。 **（生徒の解き方）** 船の高さ→中央部分の横→中央部分の縦→先端部分の高さ	③次の事項を確認し，体積を求めさせる。 1）紙の折り方により，図5.5.2の線分AFは∠CADの二等分線，線分BDは∠ADCの二等分線である。 2）図5.5.2の折り船の中央部分を直方体，先端部分を四角錐とする。 ・適宜，机間指導を行い，手が止まっている生徒にはヒント提示や助言する。
	・グループで解き方を共有する。	④解法を生徒同士で共有させる。
【展開2】 15分	・「$10x+5=$（折り船の体積）」と立式し，折り船に積載できる重りの個数を求める（重り1個が約10g，折り船の重さが約5g）	⑤②の動画をもとに，重りの最大個数を，求める方法を説明する。個数を求められたら，実験動画で答えを確認する（図5.5.4の下部）
【まとめ】 5分	・解法を振り返る。	・課題解決の過程を振り返らせる。

(学習指導案の②と⑤)

　重りを載せた折り船を水に浮かべた様子の動画は，図5.5.4内のQRコードより視聴できる。実験では，市販の耐水紙と重り（バランスウェイト）を使用している。重りは，安定させるために中央部分のみに積載している。

　求めた折り船の体積が正しいかどうかを確かめるために，生徒たちに実験を行わせることは，科学的な手法を身に付けるためにも重要であるので，実際の指導の中で取り入れてほしい。

直方体の形をした折り船

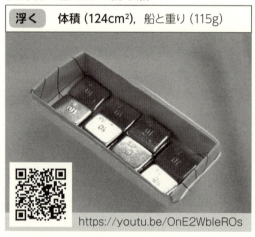
浮く　体積 (124cm^2)，船と重り (115g)

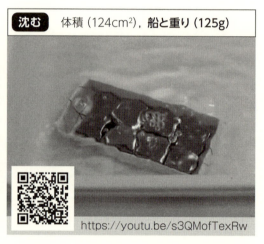
沈む　体積 (124cm^2)，船と重り (125g)

生徒が作る折り船

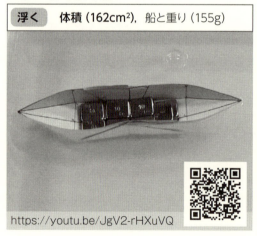
浮く　体積 (162cm^2)，船と重り (155g)

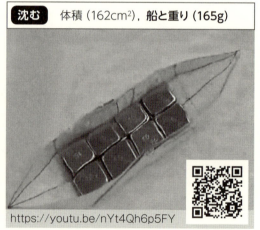
沈む　体積 (162cm^2)，船と重り (165g)

図5.5.4　重りの積載実験の動画

(学習指導案の③と④)

　折り船の体積を求めるには，中央部分（直方体）と先端部分（四角錐）の体積をそれぞれ計算して合計すればよい。そのためには，「折り船の高さ」，「中央部分の縦と横の長さ」，「四角錐の高さ」を求める必要があるというゴールをまず明確にすることが大切である。

　その上で，各寸法を求めるには，どの図形に着目すればよいか，どの図形の内容（三角形の合同，相似，内角の二等分線の性質，三角形の内心と内接円，三平方の定理など）を使えばよいか

を折り船と設計図をもとに考えさせる。特に，図5.5.5において，四角錐の高さを線分AS'ではなく，辺ARと認識する生徒が少なからずいるため，立体図形における高さの定義を確認させたい。

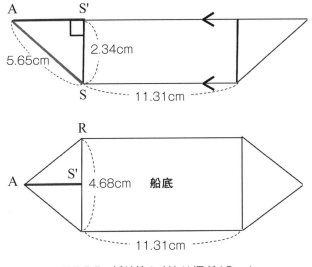

図5.5.5　折り船の寸法(1辺が16cm)

　上記の学習活動において，他者と解法を共有することは，生徒自らが「これで間違いない」と確信を持つために有効である。指導者は解法の正誤を伝えるのではなく，時には，生徒自ら判断できる力を身につけられるような助言を与えることが望ましい。

● 引用・参考文献

葛城元(2018)「これからの理数探究に向けた折り紙数学の教材開発と教育実践」京都教育大学大学院
　　教育学研究科修士論文；平成29年度, pp.88-133

(葛城元)

5.6 ⑲ 折り船の体積はどれだけ大きくできるか

本節の概要

資料箱

本節では，第5.5節で取り上げた折り船（以降，「見本船」）の折り方を拡張させた「改良船」を設計し，折り船の体積をどれだけ増やすことができるかを探究する教材を紹介する。授業の展開例では，高等学校数学Ⅱで学習する「図形と方程式」の内容をもとに，改良船の構造を解析することに重点を置いている。

教材とSTEAM教育の対応

本教材では，体積が最大となる改良船を製作するために（E），数学的に解析する（M）。その結果をもとに，ICT機器を用いて折り船の設計図を作図し，シミュレーションを行うこと（T）が可能である。また，設計した改良船を耐水紙などで作り，実際に重りの積載実験を行うこと（S）もできる。

折り方の説明

- 正方形用紙を用意する。【資料箱】の設計図を利用するとよい。
- 折り船の折り方については，図5.6.1内のQRコード（URL）から動画を視聴すること。

改良船の折り方（動画）

注：「改良船」とは第5.5節の「見本船」の折り方を一部分変更して作ったものである。

https://youtu.be/Eizj8c5eC1c

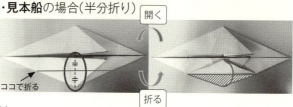

図5.6.1　改良船の折り方

教材の数学的な扱い

改良船の設計図は，紙の折り方の程度によって無数に存在する（図5.6.1はその一例である）。紙の折り方の程度に応じた設計図を作成するために，解析幾何の手法を用いて設計図を解析し，その結果をもとに，コンピュータ上で視覚化する。実際，図5.6.2においては，紙を折った部分の長さ（NG）の程度によって，改良船の高さ（NH）が変化する。これらの関係を基準となる線分GHと，変数 t（$0<t<1$）を用いて式で表すと，図5.6.3のようになる。なお，線分GHの長さは，点の座標や直線の方程式，第5.5節で扱った三角形の内接円などをもとに計算すれば導出でき

5.6 ⓳折り船の体積はどれだけ大きくできるか

る．また，中央部分（直方体）の体積 V_1，先端部分（四角錐）の体積 V_2 においても，第5.5節と同様の手法で求めることができる．

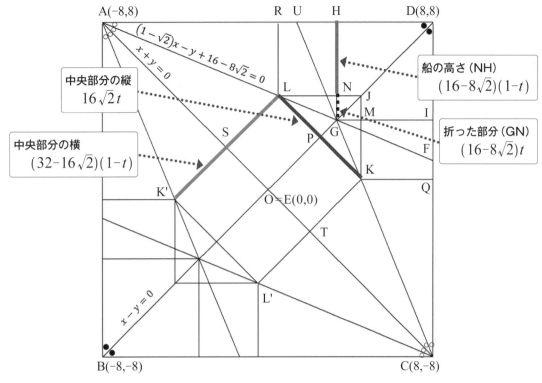

図5.6.2　設計図（1辺が16cm）

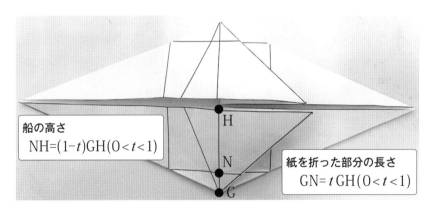

図5.6.3　折り方の定式化

したがって，改良船の体積は，次のように表すことができる．

(改良船の体積) $= V_1 + V_2$

$V_1 = 4096\sqrt{2}(\sqrt{2}-1)^2(1-t)^2 t$

$V_2 = \dfrac{8192}{3}(\sqrt{2}-1)^{\frac{5}{2}}(1-t)^3$

図5.6.4は，上記の関数式を，関数グラフソフト「Grapes」を用いてグラフにしたものである。$t=\frac{1}{4}$は，図5.6.1の改良船，$t=\frac{1}{2}$は，第5.5節の見本船である。また，$t \fallingdotseq 0.043$は，船全体の体積が最大のときであり，これは，tの3次関数に対して微分法を用いると導出できる。したがって，折り方を一か所変更するだけで，同じサイズの紙でも，見本船の約1.9倍の体積を増やすことが可能である。

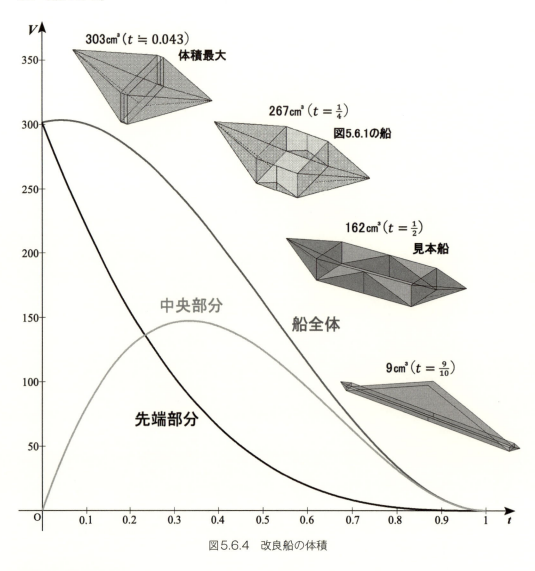

図5.6.4　改良船の体積

🧭 授業のねらい

- 改良船の構造を式で表す活動を通じて，図形の内容理解を深めるとともに，その有用性を実感できるようになる。

5.6 ⓳折り船の体積はどれだけ大きくできるか

授業の展開例

学習指導案（2コマ扱い）は，以下のとおりである。

区分	学習活動と内容	指導上の留意点・指示
【導入】 15分	・タブレット端末で改良船の作り方の動画を視聴し，製作する（※紙を折る部分GNは自由に設定）。 ・生徒同士で改良船を見比べ，改良船の大きさ（体積）が異なることに気づく。	①1辺が16cmの正方形用紙を配布し，生徒に改良船を製作させる。生徒に改良船を見比べさせた後に，本課題を提示する。
【展開1】 35分	**課題：** 改良船全体の体積はどれだけ大きくすることができるかを求めよ。 ・以下の活動に取り組む。計算には関数電卓を使用する。 　1）設計図に座標を設定する。 　2）図形と方程式を用いて線分GHの長さを求める。 　　例：直線BDの方程式→点Fの座標→直線AFの方程式→点Gの座標→線分GH ・改良船の高さ（NH）と紙を折った部分の長さ（GN）について，変数tを用いて表す方法を理解する。	②改良船の設計図を数式化するために，以下の点について共有する（【資料箱】にワークシート例あり）。 　1）設計図の中心に原点を設定すること。 　2）線分GHの長さを求めること。 ③図5.6.1の折り方によって，紙を折った部分の長さ（GN）と改良船の高さ（NH）の比率が変わることを確認し，図5.6.3のように定義する。
【展開2】 40分	・改良船の体積公式を作成する。 　（中央部分の体積）≒ $994t(1-t)^2$ 　（先端部分の体積）≒ $302(1-t)^3$ ・微分法を用いて，船全体の体積が最大となる$t ≒ 0.043$を求め，その条件で改良船を製作する。	④改良船の体積の公式を作成し，Grapesに入力してグラフを描画させる。 ⑤微分法を用いて船全体の体積が最大になるtの値を求め，それに基づいて改良船を製作させる。
【まとめ】 10分	・課題に対する答えを決定する。	⑥最初に製作した船よりも，体積がどれだけ大きくなったかを確認させる。

（学習指導案の②）

　設計図を数式化する際には，【資料箱】に置いてあるワークシートと設計図，無料で利用できるオンライン関数電卓などを使用するとよい。

　線分GHを数式化するプロセスはやや長いため，穴埋め形式で進めると効果的に学習が進められる。その中で点Fの座標の導出は，どの図形に着目すべきかが難しいため，与えられた仮定・条件や既習事項を確認しながら，丁寧に進めることが重要である。△ACDにおいて，点Fは∠CADの二等分線と辺CDの交点であるので，辺CDをAC：AD＝$\sqrt{2}:1$に内分する。よって，点Fの座標は，$(8, 24-16\sqrt{2})$である。そして，直線AFの方程式は，$y=(1-\sqrt{2})x+16-8\sqrt{2}$，直線BDの方程式が$y=x$であるので，その交点Gの座標は，$(8(\sqrt{2}-1), 8(\sqrt{2}-1))$となる。したがって，線分GHは，$GH=16-8\sqrt{2}$である。

第5章 高等学校でのオリガミクス教材

(学習指導案の③)

　紙の折り方によって,改良船やその設計図のどの部分が変わるのかを把握するのは容易ではない。そのため,生徒には何度も紙を折って確認することを意識づけたい。また,線分GNと線分NHの式がどのような意味を持つのかの解釈が重要である。例えば,見本船($t=\frac{1}{2}$)の具体値をもとに考えさせることで,生徒から「基準GHにおいて紙を半分に折る」や「紙を折った部分と船の高さが1:1」などの意見が導かれるので,これらを共有させたい。また,【資料箱】には,図5.6.6に示すような改良船とその設計図のGrapesデータも含まれており,tの値を変化させた際の形状変化を観察させることで,図形の内容理解をさらに深めることが期待される。

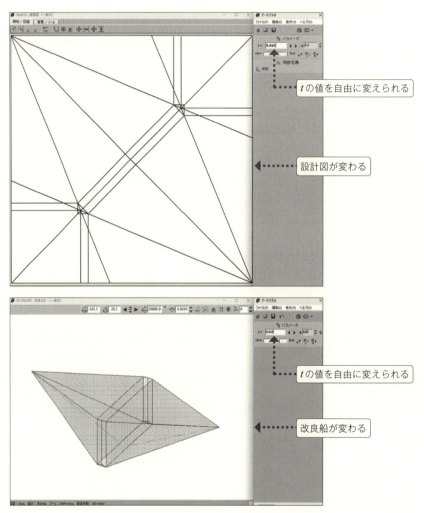

図5.6.6　改良船とその設計図

● 引用・参考文献

葛城元・黒田恭史(2019)「数学的探究の習得を目指したオリガミクスによる数学教材の開発 ―船の荷物積載を題材として」数学教育学会誌, 60(3・4), pp.111-120

葛城元・黒田恭史(2020)「数学的探究の習得を目指したオリガミクスによる高校生への教育実践 ―船の荷物積載を題材として」数学教育学会誌, 61(1・2), pp.59-69

(葛城元)

5.7 ⑳長方形折り鶴の両翼が出なくなる限界の比率を求めよう

本節の概要

折り紙の代表作品である「折り鶴」は，正方形だけでなく，図5.7.1に示すように長方形の用紙でも製作可能である。長方形折り鶴は，両翼が大きく左右に張り出さずに控えめで，通常の折り鶴とは異なる。本節では，高等学校数学Ⅱの「三角関数」を用いて，長方形用紙の縦横比を変化させながら，翼が出なくなる限界の比率を求める授業例を紹介する。

資料箱

教材とSTEAM教育の対応

第4.3節の続きとなる本教材では，長方形折り鶴の両翼や胴体の関係を，三角比・三角関数を用いて表現する（M）。両翼が胴体から出なくなる比率を求めるために，表計算ソフトを使用し（T），実際に紙を折ってその結果を検証する（S）。これにより，黄金比や白銀比を活用して長方形折り鶴を製作する可能性を探ることができる（A, M）。

折り方の説明

- A4用紙を用意し，図5.7.1に示すように設計図内に必要な折り線を先に入れる。
- その後，折り線に従って，畳み込むようにして折る。【資料箱】に折り方の説明図もあるので参照するとよい。

長方形折り鶴の折り方(動画)

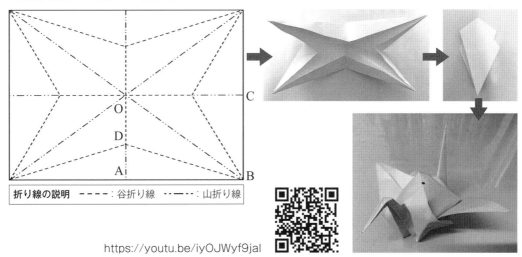

https://youtu.be/iyOJWyf9jaI

図5.7.1　長方形折り鶴の折り方

第5章 高等学校でのオリガミクス教材

教材の数学的な扱い

A4用紙で長方形折り鶴の工程の一部を示したものが，図5.7.2である。この場合，翼の長さyが翼に被さる部分の長さxよりも長いため（$x<y$），図5.7.1のような完成品を作成できる。しかし，長方形用紙の縦横比によっては，$x \geqq y$となり，完成品を作成することができない。そこで以降では，翼が出なくなる限界の比率を求めるために図形的に分析する。

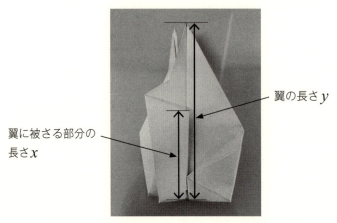

図5.7.2　折り工程

x, yの長さの関係を表す。図5.7.3のように記号を付す（図5.7.1も参照）。$AB = \dfrac{a}{2}$，$BC = \dfrac{1}{2}$，$\angle ABD = \angle OBD = \theta$とする。

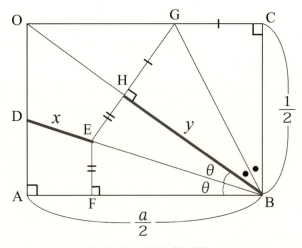

図5.7.3　主要な折り線

表5.7.1より，翼が出なくなる限界点は，$a \fallingdotseq 1.973$，横が縦の長さの約1.973倍であることがわかる。白銀比や黄金比に基づく長方形用紙の場合は，長方形折り鶴の製作が可能である。

【解答例】
- yについて
  - $\triangle BCG \equiv \triangle BHG$より，$y = \dfrac{1}{2}$　…（答）

- xについて

（第1段階）

$BD = \dfrac{a}{2\cos\theta}$ ···①

$AF = \dfrac{a-1}{2}$ ······②

ここで，$\triangle BEF \infty \triangle BDA$ より

$BD:ED=BA:FA$ ···③

③に①と②をそれぞれ代入すると，

$x = \dfrac{a-1}{2\cos\theta}$ ······④

（第2段階）

$\cos 2\theta = \dfrac{a}{\sqrt{a^2+1}}$ ···⑤

また，$\cos^2\theta = \dfrac{1}{2} + \dfrac{1}{2}\cos 2\theta$ ···⑥

⑥に⑤を代入し，$\cos\theta > 0$ を踏まえると

$\cos\theta = \sqrt{\dfrac{1}{2} + \dfrac{a}{2\sqrt{a^2+1}}}$ ···········⑦

④に⑦を代入すると，

$x = \dfrac{a-1}{\sqrt{2 + \dfrac{2a}{\sqrt{a^2+1}}}}$ ······（答）

表5.7.1　限界点の計算

a の値	x の値	y の値	$x-y$
1.960	0.493671229	0.5	−0.006328771
1.961	0.494173211	0.5	−0.005826789
1.962	0.494675183	0.5	−0.005324817
1.963	0.495177145	0.5	−0.004822855
1.964	0.495679098	0.5	−0.004320902
1.965	0.496181041	0.5	−0.003818959
1.966	0.496682974	0.5	−0.003317026
1.967	0.497184898	0.5	−0.002815102
1.968	0.497686812	0.5	−0.002313188
1.969	0.498188717	0.5	−0.001811283
1.970	0.498690612	0.5	−0.001309388
1.971	0.499192498	0.5	−0.000807502
1.972	0.499694374	0.5	−0.000305626
1.973	0.500196241	0.5	0.000196241
1.974	0.500698098	0.5	0.000698098
1.975	0.501199946	0.5	0.001199946
1.976	0.501701784	0.5	0.001701784
1.977	0.502203613	0.5	0.002203613
1.978	0.502705433	0.5	0.002705433
1.979	0.503207244	0.5	0.003207244
1.980	0.503709045	0.5	0.003709045

第5章 高等学校でのオリガミクス教材

🔷 授業のねらい

- 長方形折り鶴の翼の長さと翼の被さる部分の長さを数式化し，翼が出なくなる限界の比率を求めることができる。

🔷 授業の展開例

学習指導案（2コマ扱い）は，以下のとおりである。

区分	学習活動と内容	指導上の留意点・指示
【導入】 25分	・タブレット端末で長方形折り鶴の作り方動画を視聴して，製作する。	① A4用紙（長方形用紙）を配布し，長方形折り鶴を製作させる。必要な折り線をつけて一気に畳み込んで折る箇所は，指導者が積極的にサポートする。
	・翼の長さが翼に被さる部分よりも長い場合，長方形折り鶴が製作できることに気付く。	②長方形折り鶴が製作できる例とできない例を紹介する。両者の違いについて図5.7.2をもとに説明し，本課題を提示する。
【展開1】 45分	**課題：** 長方形折り鶴の翼が出なくなる限界の比率を求めよ。ただし，長方形用紙の縦の長さを1，横の長さをa，$1<a$とする。	
	・完成した長方形折り鶴を開き，設計図のどこにxとyが対応しているかを確認する。	③生徒に長方形折り鶴の翼の長さ（y）と翼に被さる部分の長さ（x）を完成品に図示させる。その後，紙を開かせてそれらが設計図のどこに対応するかを確認させる。
	・仮定や条件を設計図内に書き込む。活動はペアやグループで行い，互いに確認・共有しながら進める。	④図5.7.3をもとに，課題を解決する上での仮定や条件を説明し，xとyをそれぞれ数式で求めさせる。
【展開2】 25分	・表計算ソフトに数値や数式を入力し，$x=y$を満たすaの値を見つける。 ・求めた縦横比で長方形折り鶴を製作させて，翼が出なくなることを視覚的に確認する。	⑤求めた数式を表計算ソフトに入力させ，限界点（aの値）を探索させる。その後，その縦横比で長方形折り鶴を製作させ，計算が正しいかを確認させる。
【まとめ】 5分	・自身の解法を振り返る。	⑥課題解決の過程を振り返らせる。

（学習指導案の③）

　翼の長さと翼が被さる部分が設計図内のどこに対応するかをしっかりと確認させることが重要である。これらの箇所には，複数枚の紙が重なり合っているため，印の付け方によって，図5.7.3と同じ位置にない場合がある。生徒が混乱しないよう，該当する箇所にはすべて印を付けておくように指示しておくことが望ましい。

5.7 ⑳ 長方形折り鶴の両翼が出なくなる限界の比率を求めよう

(学習指導案の④)

　yは直角三角形の合同を用いればすぐに求められるが, xは式に表すまでの工程が長いため, スモールステップで取り組ませるのがよい。例えば,「教材の数学的な扱い」の各段階では, 次のように進めることができる。

　(第1段階) 次の(1)〜(3)を, aや$\cos\theta$を用いてそれぞれ表せ。
　　(1) BD　　(2) AF　　(3) x

　(第2段階) 次の問いに答えよ。
　　(1) $\cos 2\theta$をaを用いて表せ。　　(2) $\cos^2\theta = \dfrac{1}{2} + \dfrac{1}{2}\cos 2\theta$であることを示せ。

(学習指導案の⑤)

　限界点を探索する際に,【資料箱】にある表計算ソフトを利用させる。表5.7.1のような入力シートを教員が事前に用意しておき, 生徒には求めたxとyの数式や, aの数値を入力させるとよい。実際に, $a \fallingdotseq 1.973$で作った作品が図5.7.4の左部に示されており, 翼の長さと翼に被さる部分の長さが一致している。また, 図5.7.4の右部は, 黄金比($1:\dfrac{1+\sqrt{5}}{2}$)に基づいて製作したものである。これと授業で製作した白銀比($1:\sqrt{2}$)の長方形折り鶴と比較し, 何が共通していてどこが違うのかを考察したりする発展的な活動につなげることも可能である。

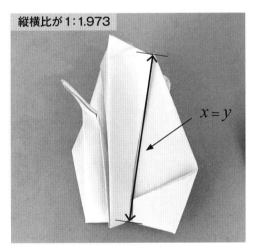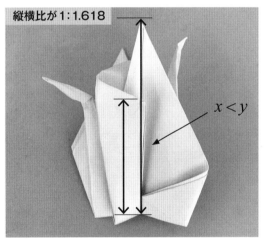

図5.7.4　長方形折り鶴の製作

● **引用・参考文献**

　黒田恭史(2001)「折鶴と数学(3)— 長方形用紙と折鶴の限界点」数学教育学会春季年会発表論文集, pp.51-53

（葛城元）

索　引

あ行

1次関数	66
一刀切り	52
黄金数	96
黄金比	96
起こり得る場合	48
オリガミクス	3

か行

角	10
角錐の体積	104
角の合同	11
空間・位置関係	19
結合の公理	7
合同な図形	60
合同の公理	9
公理	7

さ行

作図に用いる器具	19
錯角	12
三角関数	123
三角形と角	44
三角形の内心	113
三角比	104

三平方の定理

三平方の定理	104
敷き詰め	44
順序の公理	9
推移律	9
垂線	17
垂直	11
垂直二等分線	17
数学的記号	22
図形と方程式	118
図形の移動・変換	19
図形の拡大と縮小	40
図形の計量	19
図形の構成要素・性質	19
図形の定義	19
STEAM教育	30
正多角形	52
正方形	52
線分	8
線分の合同	9
線分の2等分	15

た行

台形	56
対称な図形	40
対称律	9
対頂角	12

ダイヤカット……………………… 60	星型………………………………… 52
長方形……………………………… 56	
直線………………………………… 8	## ま行
直角………………………………… 10	ミウラ折り………………………… 83
直角二等辺三角形………………… 60	結び目五角形……………………… 91
定義………………………………… 7	命題………………………………… 7
定理………………………………… 13	
展開図……………………………… 48	## や・ら・わ行
点集合……………………………… 8	優角………………………………… 10
同位角……………………………… 12	劣角………………………………… 10
同側内角…………………………… 12	

な行

内接円……………………………… 113
2次方程式………………………… 87
二等辺三角形……………………… 44

は行

芳賀の第1定理 …………………… 70
ハニカム構造……………………… 100
反射律……………………………… 9
半直線……………………………… 8
PCCPシェル ……………………… 83
平行………………………………… 12
平行四辺形………………………… 56
平行線……………………………… 12
平行線の錯角……………………… 14
平行線の同側内角………………… 15
平面の分割………………………… 9
ベクトル…………………………… 100

memorandum

memorandum

memorandum

memorandum

memorandum

memorandum

● **執筆者紹介**（執筆順，執筆担当）

黒田　恭史（くろだ　やすふみ）　　編著者，第1章
1988年　大阪教育大学教育学部卒業
1990年　大阪教育大学大学院教育学研究科修士課程修了
2005年　大阪大学大学院人間科学研究科博士後期課程修了
2005年　博士（人間科学）大阪大学
現　　在　京都教育大学教育学部教授
専　　攻　数学教育学
編 著 者　『中等数学科教育法序論』（共立出版，2022）
　　　　　『動画でわかる算数の教え方』（明治図書，2022）
　　　　　『初等算数科教育法序論』（共立出版，2023）

葛城　元（かつらぎ　つかさ）　　編著者，第2章，第3.6節，第4.3節，第5.3〜7節
2016年　京都教育大学教育学部卒業
2018年　京都教育大学大学院教育学研究科修士課程修了
2018年　修士（教育学）京都教育大学
現　　在　大阪教育大学教育学部講師
専　　攻　数学教育学

横井　歩（よこい　あゆむ）　　第3.1〜3節，第4.7節
2016年　京都教育大学教育学部卒業
2016年　学士（教育学）京都教育大学
現　　在　京都教育大学附属京都小中学校教諭
専　　攻　数学教育学

徳永　凱（とくなが　かい）　　第3.4〜5節
2020年　京都教育大学教育学部卒業
2020年　学士（教育学）京都教育大学
現　　在　京都教育大学附属京都小中学校教諭
専　　攻　数学教育学

島橋　尚吾（しまはし　しょうご）　　第4.1〜2節
2015年　関西大学システム理工学部数学科卒業
2015年　学士（理学）関西大学
現　　在　大阪教育大学附属天王寺中学校教諭
専　　攻　数学教育学

井場　恒介（いば　こうすけ）　　第4.4〜6節
2009年　関西大学工学部都市環境工学科卒業
2009年　学士（工学）関西大学
現　　在　大阪教育大学附属池田中学校教諭
専　　攻　数学教育学

木下　卓海（きのした　たくみ）　　第5.1〜2節
2018年　高知工科大学環境理工学群卒業
2020年　京都教育大学大学院教育学研究科修士課程修了
2020年　修士（教育学）京都教育大学
現　　在　京都府立山城高等学校教諭
専　　攻　数学教育学

	オリガミクスで算数・数学教育	編著者	黒田　恭史・葛城　元　©2025
	STEAM教育の視点で拡がる20の実践例	発行者	南條　光章
	Teaching Mathematics Using Origamics	発行所	共立出版株式会社
	Twenty Practical Examples from the Perspective of STEAM Education		〒112-0006 東京都文京区小日向4-6-19 電話番号 03-3947-2511 (代表) 振替口座 00110-2-57035 URL　www.kyoritsu-pub.co.jp
	2025年3月15日　初版1刷発行	DTP デザイン	Iwai Design
		印　刷	精興社
		製　本	加藤製本

　一般社団法人
自然科学書協会
会員

検印廃止
NDC 410.7, 375.41
ISBN978-4-320-11579-8　｜　Printed in Japan

JCOPY ＜出版者著作権管理機構委託出版物＞

本書の無断複製は著作権法上での例外を除き禁じられています．複製される場合は，そのつど事前に，
出版者著作権管理機構（TEL：03-5244-5088，FAX：03-5244-5089, e-mail：info@jcopy.or.jp）の
許諾を得てください．

《黒田恭史 編著書》

初等算数科教育法序論

「全国学力・学習状況調査」の結果を分析し、児童の算数に対する認識や誤りの傾向を捉え、教育現場に活かすことを目指した教科書。

本書を構成する全10章のうち、前半5章では、算数教育の目標、歴史、学力調査と評価、ICT活用、数学的モデリングについて最新の研究成果も交えて概観している。後半5章では、算数の各領域での教育内容と、実際の現場での授業づくりについて解説する。

A5判・272頁・定価2750円（税込）IN978-4-320-11496-8

中等数学科教育法序論

中学高校と大学の橋渡しを意図して、大学数学に触れながら中等数学を捉え直し、その教育的意義を解説する。

前半は、数学教育の目標・歴史・評価・ICT・STEAM教育などの数学教育全体について、最新の研究成果も交えて概観する。後半は数学各分野の教育内容と指導法について解説する。数学教員を目指す学生はもとより、現職の数学教員の授業内容に新たな創意をもたらす書籍となるように工夫を凝らしている。

A5判・280頁・定価2750円（税込）IN978-4-320-11466-1

数学教育実践入門

中等教育段階での数学教育のあり方について、具体的な実践をベースに解説する。

数学教育全体について目標、内容、評価、実践について論じる。代数、幾何、関数・解析、確率・統計の各分野に関しても、目標、内容、実践などについて論述する。平易な文体を心がけながらも内容は最新の実証的な研究成果を踏まえているため、教職を目指す学生はもちろん、各学校現場での日々の実践にも役立つ。

A5判・264頁・定価3300円（税込）IN978-4-320-11083-0

教育系学生のための数学シリーズ
数学科教育法入門

現在の生徒の数学に関する認識特性や、それに基づいた教育実践をもとに、中学高校の数学の内容は今後どうあるべきかについて、具体的な事例をもとに紹介する。

各領域で指導する際の数学的背景にも触れ、教育内容の数学的な背景を理解して指導を行うことで、上級学年の学習内容への誘いにも対応できるようにした。

A5判・316頁・定価3190円（税込）IN978-4-320-01824-2

www.kyoritsu-pub.co.jp　　共立出版　　（価格は変更される場合がございます）